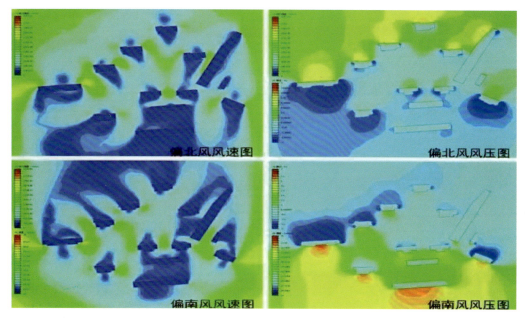

图5.9 计算流体动力学（CFD）模拟

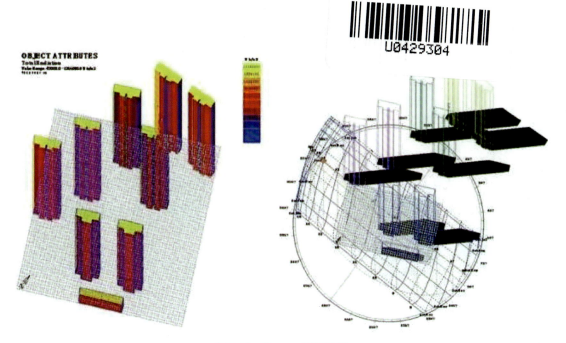

图5.10 Ecotect日照模拟

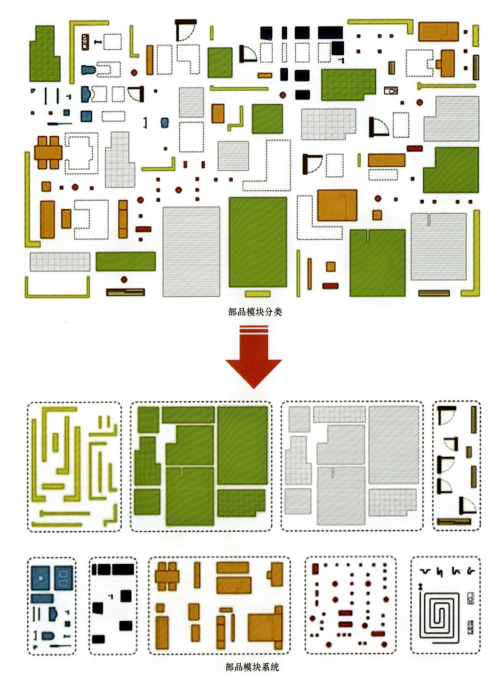

图7.3 装配式建筑装饰设计部品模块系统分类图

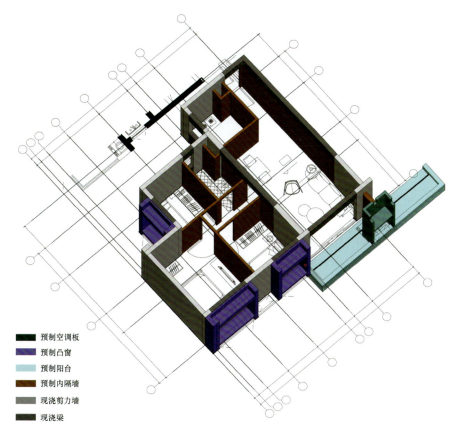

图8.3 85B户型平面及BIM模型

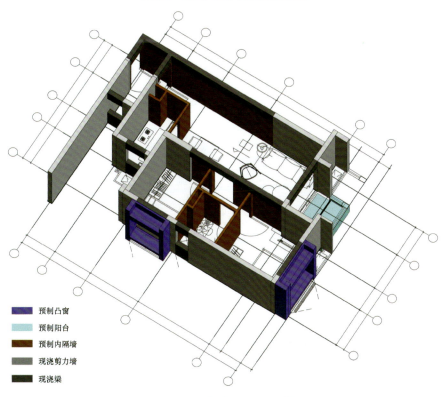

图8.4 70A户型平面及BIM模型

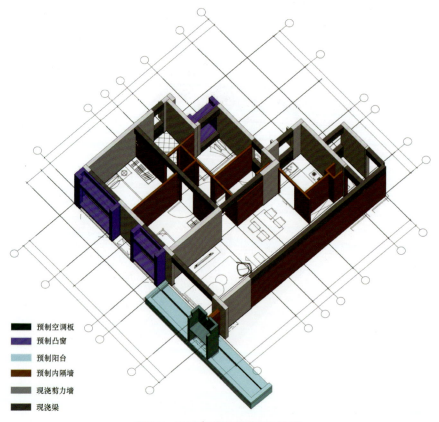

图8.5 95B户型平面及BIM模型

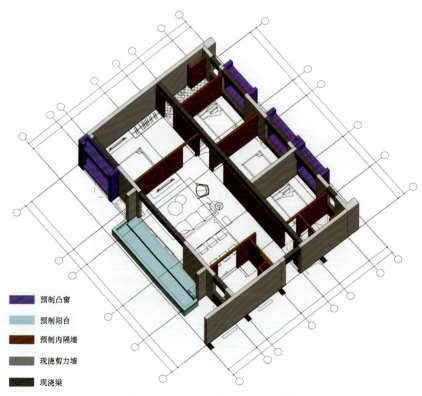

图8.6 115C2户型平面及BIM模型

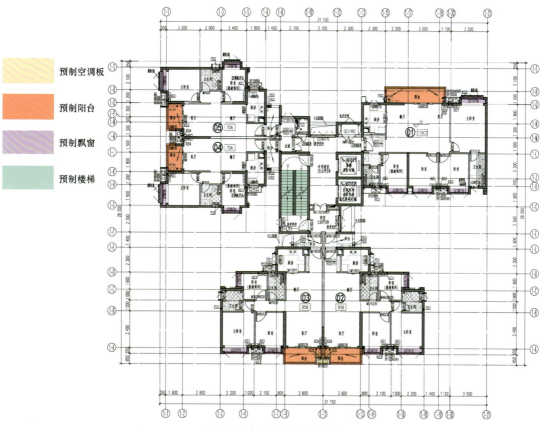

图8.8 1#楼标准层平面图

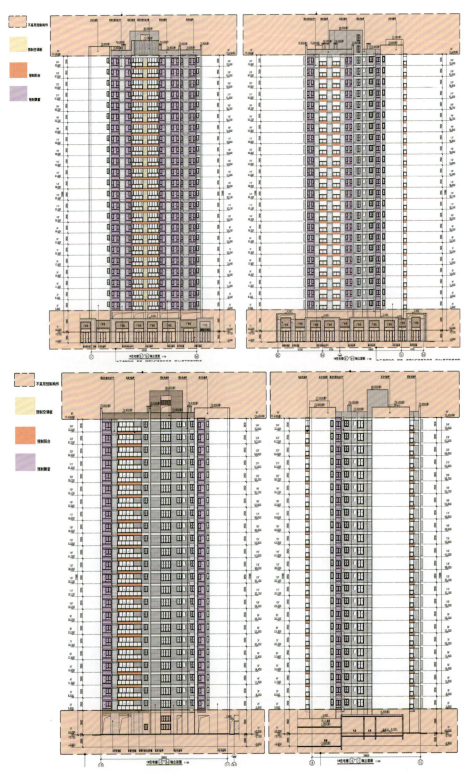

图8.9　1#楼四个立面图

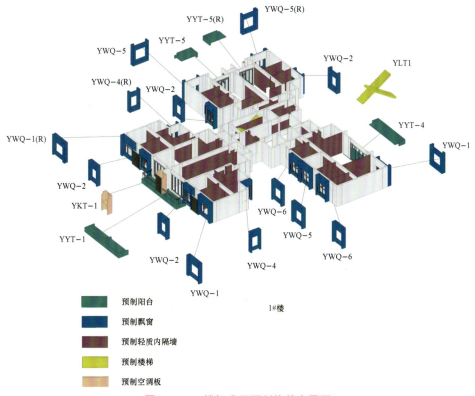

图8.11　1#楼标准层预制构件布置图

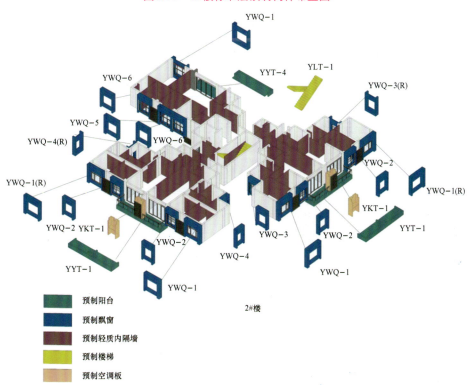

图8.12　2#楼标准层预制构件布置图

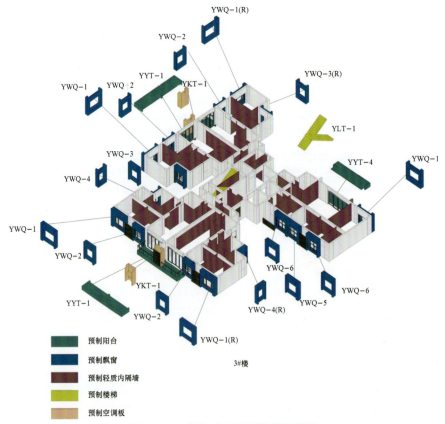

图8.13 3#楼标准层预制构件布置图

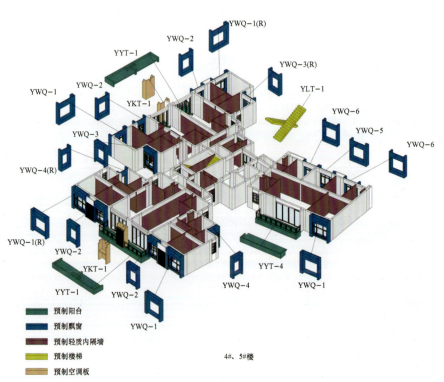

图8.14 4#、5#楼标准层预制构件布置图

装配式建筑设计与构造

主　编　何培斌　李秋娜　李　益
副主编　史靖塬　彭丽莉　潘　娟　付盛忠
参　编　鲁　婕　倪　珂　高　云　黄　英

北京理工大学出版社
BEIJING INSTITUTE OF TECHNOLOGY PRESS

内容提要

本书立足于当前建筑业、房地产业应对建筑产业化的转型升级以及装配式民用建筑的基本设计及构造要求，按照装配式民用建筑的设计过程；主要讲解了装配式建筑概述、装配式建筑设计基础、装配式建筑平面设计、装配式建筑立面设计、装配式建筑与BIM技术、装配式建筑构造设计、装配式建筑的全装修、装配式建筑设计案例解析等内容。全书具有实际案例多、内容丰富、实训操作性强等特点，旨在帮助读者尽快掌握装配式民用建筑的基本设计、构成、组合方式及构造方法的基本要点和设计方法。

本书主要作为高等院校土建类专业、房地产类专业学生学习装配式民用建筑的基本设计、构成、组合方式和构造方法的教材，也可供房地产业、建筑业工程技术人员学习装配式民用建筑的基本设计和构造方法使用。

版权专有　侵权必究

图书在版编目（CIP）数据

装配式建筑设计与构造 / 何培斌，李秋娜，李益主编. —北京：北京理工大学出版社，2020.7（2020.8重印）

ISBN 978-7-5682-8667-1

Ⅰ.①装… Ⅱ.①何… ②李… ③李… Ⅲ.①装配式构件－建筑设计 ②装配式构件－建筑构造 Ⅳ.①TU3

中国版本图书馆CIP数据核字（2020）第117249号

出版发行 /	北京理工大学出版社有限责任公司
社　　址 /	北京市海淀区中关村南大街5号
邮　　编 /	100081
电　　话 /	（010）68914775（总编室）
	（010）82562903（教材售后服务热线）
	（010）68948351（其他图书服务热线）
网　　址 /	http://www.bitpress.com.cn
经　　销 /	全国各地新华书店
印　　刷 /	河北鑫彩博图印刷有限公司
开　　本 /	787毫米×1092毫米　1/16
印　　张 /	10.5
插　　页 /	8
字　　数 /	259千字
版　　次 /	2020年7月第1版　2020年8月第2次印刷
定　　价 /	35.00元

责任编辑 / 江　立　崔　岩
文案编辑 / 江　立
责任校对 / 周瑞红
责任印制 / 边心超

图书出现印装质量问题，请拨打售后服务热线，本社负责调换

FOREWORD 前言

本书在编写过程中，以区域产业发展对人才的需求为依据，深化工学结合、校企合作、顶岗实习的人才培养模式改革，实现专业与行业（企业）岗位对接及专业课程内容与职业标准对接。编者与企业有关人员合作共同开发该课程的教学资源，从突出实践能力的培养，增强学生的职业能力这一目标出发，本着"以应用为目的，以必需、够用为度"的原则进行编写，其主要特点如下：

（1）注重高等教育规律，突出职业技能实训；

（2）以2016年2月6日国家颁布的《中共中央国务院关于进一步加强城市规划建设管理工作的若干意见》中对装配式建筑的明确规定，以及2016年9月国务院颁布的《关于大力发展装配式建筑的指导意见》中对装配式建筑的发展目标要求，突出装配式建筑设计的特点；

（3）与时俱进，所引用的设计规范均为国家颁布的最新标准规范，以适应现行的市场及行业要求。

本书共分为8章，主要内容包括装配式建筑概述、装配式建筑设计基础、装配式建筑平面设计、装配式建筑立面设计、装配式建筑与BIM技术、装配式建筑构造设计、装配式建筑的全装修、装配式建筑设计案例解析。本书由何培斌、李秋娜、李益担任主编，由史靖塬、彭丽莉、潘娟、付盛忠担任副主编，鲁婕、倪珂、高云、黄英参编。具体编写分工为：第1、2章由何培斌编写；第3章由史靖塬编写；第4、5章由李秋娜编写；第6章由李益编写；第7章由彭丽莉、潘娟编写；第8章由鲁婕、倪珂、高云以及黄英编写。全书由何培斌、李秋娜统稿。

本书在编写过程中，参考了一些有关的书籍，谨向其编者表示衷心的感谢，参考文献列于书末。另外，特别感谢深圳立得屋住宅科技有限公司在本书编写过程中给予的实践案例方面的技术指导和材料支持，以及重庆达沃家居为本书提供的装配式建筑装饰装修项目案例资料。

由于编者水平有限，书中难免存在错误之处，恳请各位专家、同人批评指正。

编　者

目录

第1章 装配式建筑概述 ... 1
1.1 装配式建筑的概念及分类 ... 1
- 1.1.1 装配式建筑的概念 ... 1
- 1.1.2 装配式建筑的分类 ... 2

1.2 国外装配式建筑的发展概况 ... 9
- 1.2.1 法国装配式建筑的发展 ... 9
- 1.2.2 美国装配式建筑的发展 ... 10
- 1.2.3 德国装配式建筑的发展 ... 11
- 1.2.5 其他国家装配式建筑的发展综述 ... 11

1.3 国内装配式建筑的发展概况 ... 12
- 1.3.1 发展起步期（1949—1977年） ... 12
- 1.3.2 发展探索期（1978—1998年） ... 13
- 1.3.3 发展快速期（2000年至今） ... 14

1.4 发展装配式建筑的意义及前景 ... 15
- 1.4.1 装配式建筑的发展背景 ... 15
- 1.4.2 装配式建筑的影响要素 ... 15
- 1.4.3 装配式建筑发展的前景 ... 17

本章小结 ... 18
复习思考题 ... 18

第2章 装配式建筑设计基础 ... 19
2.1 装配式建筑设计原则 ... 20
- 2.1.1 少规格、多组合原则 ... 20
- 2.1.2 建筑模数协调原则 ... 22
- 2.1.3 集成化设计原则 ... 23

2.2 装配式建筑设计的要点 ... 24
- 2.2.1 一般规定 ... 24
- 2.2.2 技术策划先行与经济性分析 ... 24
- 2.2.3 建筑设计要点解析 ... 26

2.3 装配式建筑的标准化和模块化设计 ... 32
- 2.3.1 模数和模块化在装配式建筑设计中的应用 ... 32
- 2.3.2 装配式建筑标准化与多样化设计 ... 33
- 2.3.3 装配式建筑部品部件标准化和模块化设计 ... 36

2.4 装配式建筑设计技术案例 ... 38
- 2.4.1 深圳裕璟幸福家园工程概况 ... 38
- 2.4.2 装配式设计要点 ... 39

本章小结 ... 40
复习思考题 ... 41

第3章 装配式建筑平面设计 ... 42
3.1 装配式建筑平面设计原则 ... 42
- 3.1.1 标准化设计原则 ... 42
- 3.1.2 模数化原则 ... 43
- 3.1.3 模块化原则 ... 44

CONTENTS

  3.1.4 体系化原则 46
 3.2 装配式建筑平面设计要点 46
 3.3 装配式建筑平面设计方法 50
  3.3.1 数据协调 50
  3.3.2 单元空间 50
  3.3.3 户型模块 52
  3.3.4 组合平面模块 52
  3.3.5 标准户型设计 53
 3.4 装配式建筑平面设计案例 54
  3.4.1 住宅基本单元设计 54
  3.4.2 住宅单元组合设计 56
  3.4.3 住宅单体户型的可变设计 ... 57
本章小结 58
复习思考题 58

第4章 装配式建筑立面设计 59
 4.1 装配式建筑立面设计的原则 59
  4.1.1 建筑高度及层高的确定 ... 59
  4.1.2 立面设计的标准化与多样化 ... 60
 4.2 装配式建筑立面设计的方法 60
  4.2.1 立面的基本组合方法 ... 60
  4.2.2 立面门窗设计 62
  4.2.3 外墙装饰材料 64

 4.3 装配式建筑立面设计案例 66
  4.3.1 装配式住宅立面设计——以北京大兴国际机场生活保障基地人才公租房为例 66
  4.3.2 装配式公建立面设计——以湖南东泓住工科技园区项目办公楼立面设计为例 69
本章小结 73
复习思考题 73

第5章 装配式建筑与BIM技术 74
 5.1 BIM在装配式建筑设计中的应用 75
  5.1.1 BIM与标准化设计 75
  5.1.2 可视化设计 75
  5.1.3 BIM构件拆分及优化设计 ... 76
  5.1.4 BIM协同设计 77
  5.1.5 BIM性能化分析 78
 5.2 装配式建筑的BIM设计方法 79
  5.2.1 建筑专业组合式设计 ... 79
  5.2.2 结构专业组合式设计 ... 82
  5.2.3 设备专业组合式设计 ... 83
  5.2.4 专业协同设计 83
  5.2.5 基于BIM的构件拆分 ... 84

5.3 BIM在装配式建筑中的应用流程 …… 85
 5.3.1 方案设计阶段 …………………… 85
 5.3.2 优化设计阶段 …………………… 85
 5.3.3 深化设计阶段 …………………… 86
 5.3.4 构件生产阶段 …………………… 87
 5.3.5 建造施工阶段 …………………… 88
 5.3.6 运营维护阶段 …………………… 89
本章小结 ………………………………… 89
复习思考题 ……………………………… 90

第6章 装配式建筑构造设计 …………… 91
6.1 装配式建筑构造设计要点 …………… 91
 6.1.1 建筑的科学拆分 ………………… 91
 6.1.2 关键节点的处理 ………………… 94
6.2 装配式墙体构造设计 ………………… 95
 6.2.1 装配式墙体的特点 ……………… 95
 6.2.2 装配式墙体的分类 ……………… 96
 6.2.3 装配式墙体的构造设计 ………… 99
6.3 装配式楼面、屋面构造设计 ………… 102
 6.3.1 装配式楼面、屋面类型及设计要求 · 102
 6.3.2 装配式楼面、屋面的构造设计 …… 103
6.4 装配式建筑楼梯的构造设计 ………… 105
 6.4.1 装配式建筑楼梯的分类和特点 …… 105

 6.4.2 装配式建筑楼梯构造设计 ………… 106
6.5 装配式建筑门窗及其他细部构造
 设计 …………………………………… 109
 6.5.1 装配式建筑门窗类型及构造设计
   要求 ……………………………… 109
 6.5.2 装配式建筑其他细部构造设计 …… 112
本章小结 ………………………………… 114
复习思考题 ……………………………… 114

第7章 装配式建筑的全装修 …………… 115
7.1 装配式建筑全装修概述 ……………… 115
 7.1.1 全装修的优势 …………………… 115
 7.1.2 全装修是实现装配式发展内涵的
   必然途径 ………………………… 116
 7.1.3 杜绝毛坯房,提升住房质量 …… 116
 7.1.4 全装修产业链前景 ……………… 117
7.2 装配式建筑全装饰装修设计 ………… 118
 7.2.1 装配式建筑装修的设计要求 …… 118
 7.2.2 装配式建筑装修部品设计与选型 · 119
 7.2.3 设备管线部品选型与设计 ……… 120
 7.2.4 其他设计规定 …………………… 121
7.3 装配式建筑装饰装修设计实施 ……… 121
7.4 装配式建筑装饰装修的施工系统 …… 124

CONTENTS

  7.4.1 集成地面系统……………………124
  7.4.2 集成墙面系统……………………125
  7.4.3 集成吊顶系统……………………127
  7.4.4 生态门窗系统……………………127
  7.4.5 快装给水系统……………………128
  7.4.6 薄法排水系统……………………128
  7.4.7 集成卫浴系统……………………129
  7.4.8 集成厨房系统……………………129
 7.5 装配式建筑装饰装修案例——三峡
    国际51 LOFT样板间………………130
 复习思考题……………………………133

第8章 装配式建筑设计案例解析——
     以珠海时代天韵花园为例………134
 8.1 项目概况………………………………134

 8.2 项目装配式建筑设计…………………135
  8.2.1 装配式建筑标准化设计…………135
  8.2.2 装配式建筑平面、立面设计………144
 8.3 项目BIM设计…………………………147
  8.3.1 BIM在预制构件方面的应用………147
  8.3.2 BIM技术管线综合与优化…………151
 8.4 项目建筑构造设计……………………151
 8.5 项目装饰装修设计……………………155
 本章小结………………………………158
 复习思考题……………………………159

参考文献………………………………………160

第1章　装配式建筑概述

本章要点

学习什么是装配式建筑，了解我国装配式建筑的发展前景，熟悉和掌握装配式建筑的概念及分类。

1.1　装配式建筑的概念及分类

1.1.1　装配式建筑的概念

装配式建筑是用通过工厂预制的各类部品、部件在工地装配而成的建筑。《装配式混凝土建筑技术标准》(GB/T 51231—2016)对装配式建筑的定义如下：结构系统、外围护系统、设备与管线系统、内装系统的主要部分采用预制部品、部件集成的建筑。装配式建筑主要包括装配式混凝土建筑、装配式轻钢结构建筑及装配式木结构建筑。装配式建筑具有如下优点：

(1)提高工程质量。运用预制装配式施工方式，可以最大限度地将人为因素带来的弊端进行有效阻止和解决。预制构件在预制工厂加工和生产，因此，只需要规范现场结构的安装连接流程，由专业的安装工作团队施工就能够有效保证工程质量的稳定性(图1.1)。

(2)缩短建设工期。一般情况下，当建筑工程的主体结构施工结束后，还要利用外脚手架对窗、外墙饰面等进行施工，而装配式建筑的外墙面砖、窗框材料等已经在工厂中做好，现场不需要进行安装外脚手架的工作，只需要通过对材料进行局部打胶、喷涂等工作，配合使用吊篮就可以进行施工，不占用总体施工工期。对10～18层的建筑物来说，凭借这一项施工措施的改进，可以节约3～4个月的工期，还能够更加全面地实行结构、安装、装修等设计与加工的标准化，大大加快施工进程(图1.2)。

(3)利于环保节能。采用预制装配式技术，施工对周围环境影响小，噪声、烟尘、污染也远远低于现场施工，还会减少施工现场的湿作业量。预制装配式施工方式可以降低木材的使用量，省去施工现场不必要的脚手架和模板作业。这样不仅能够降低施工工程总体造价，还能有效地保护我国宝贵的森林资源。除此之外，预制工厂车间的施工环境能够为外墙板保温层的质量提供安全保证，有效避免了现场施工易破坏保温层的情况，对实现建筑使用阶段的保温节能也非常有利。

图 1.1 装配式建筑具有较高的工程质量

图 1.2 装配式建筑具有较快的建造速度

1.1.2 装配式建筑的分类

装配式建筑体系根据受力构件的材料不同,可以分为木结构体系、轻钢结构体系、混凝土结构体系三种主要体系(图 1.3)。

(1)木结构体系。木结构体系是以木材为主要受力构件。由于木材本身具有抗震、隔热保温、节能、隔声、舒适等优点,在欧美国家,木结构是一种广泛采用的建筑形式。但是,我国人口众多,房地产业需求量大,森林资源和木材贮备稀缺,木结构并不适合我国的建筑发展需要。我国现有的木结构低密度住宅是一种高端产品，木材也大多依赖进口。

加拿大不列颠哥伦比亚大学的 Brock Commons 一期大楼，是装配式木结构建筑的范例之一(图 1.4)。这栋 53 m 高的 18 层大楼，也是北美第一栋重型混合木结构高层公寓。它的独特之处在于采用重型混合木结构：底层是混凝土裙楼，其上是 17 层重型木结构，混凝土核心筒从底层贯穿至顶层。

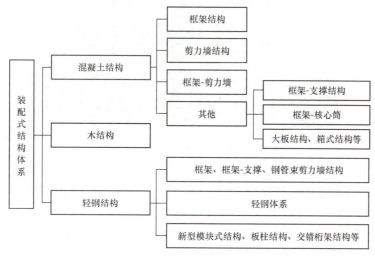

图 1.3　装配式建筑的结构体系

图 1.4　北美首栋重型混合木结构高层公寓——Brock Commons 一期大楼

(2)轻钢结构体系。轻钢结构体系的结构主体是采用薄片的压型材料(轻型钢材)，其中轻型钢材是用 0.5～1 mm 厚的薄钢板外表镀锌制成的(图 1.5)，这个结构与木结构的"龙骨"类似，可以方便地建造出不高于 9 层的建筑。它们的不同点在于节点处理方式不同：木结构建筑的连接节点使用的是钉子，轻钢结构的连接节点使用的是螺栓。

轻钢结构体系的优点：质量轻、强度高，可以使建筑结构自重减轻；扩大建筑的开间，也能灵活地进行功能分隔；具有良好的延展性、完好的整体性和良好的建筑抗震、抗风性能；工程质量易于保证；具有较快的施工速度、较短的施工周期，天气和季节对施工作业产生的干扰不大；方便改造与迁拆，轻型钢材是可以回收再利用的材料。值得注意的是，

图 1.5 轻钢结构体系的装配式建筑

由于钢构件具有较小的热阻,在耐火性方面差,传热较快,不利于墙体的保温隔热,耐腐蚀性差,抗剪力的刚度不够。

(3)混凝土结构体系。混凝土结构体系是我国建筑工业化体系选择的主要结构体系之一。混凝土结构体系与轻钢结构体系都可以对构件进行工厂化预制生产,可以满足在现场进行机械化装配安装的要求,而且符合中高层建筑的需求,但是,相比之下混凝土结构体系无论是在用钢量还是在经济性方面都具有更高的性价比。

装配式混凝土建筑结构体系又分为以下四大类:

1)大板结构体系。20 世纪 70 年代,我国装配式混凝土建筑主要采用大板结构体系,预制构件主要包括大型屋面板、预制空心板、楼梯、槽形板等,如图 1.6 所示。由于大板结构体系在构件的生产、安装施工与结构的受力模型、构件的连接方式等方面存在一定的缺陷,还需要克服建筑抗震性能差、隔声性能差、裂缝、渗漏、外观单一、不方便二次装修等问题。因此,大板结构体系多用于低层、多层建筑。

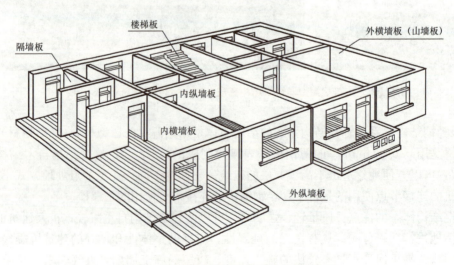

图 1.6 大板结构体系的装配式建筑示意图

2)预制装配式框架结构体系。预制装配式框架结构具有和预制装配式框架及现浇剪力墙结构相似的性质,它们的框架梁与柱以预制构件的形式存在,再按现浇结构要求对各个承重构件之间的节点与拼缝连接进行设计及施工。装配式混凝土框架结构由多个预制部分组成:预制梁、预制柱、预制楼梯、预制楼板、外挂墙板等。该类结构具有清晰的结构传力路径,高效的装配效率,而且现场浇筑湿作业比较少,完全符合预制装配式的结构要求,也是最合适的结构形式之一(图1.7)。

预制装配式框架结构有一定的适用范围,在需要开敞大空间的建筑中比较常见,比如仓库、厂房、停车场、商场、教学楼、办公楼、商务楼、医务楼等,最近几年也开始在民用建筑的住宅中使用。根据梁柱节点的连接方式的不同,装配式混凝土框架结构可分为等同现浇结构与不等同现浇结构。其中,等同现浇结构是节点刚性连接,不等同现浇结构是节点柔性连接。在结构性能和设计方法方面,等同现浇结构和现浇结构基本一样,区别在于前者的节点连接更加复杂,后者则快速简单。不等同现浇结构的耗能机制、整体性能和设计方法具有不确定性,需要适当考虑节点的性能。

图1.7 预制装配式框架结构体系
(a)南京上坊保障房项目——装配整体式框架结构;(b)预制框架柱竖向连接——灌浆套筒;
(c)叠合梁三维示意图;(d)预制中柱灌浆套筒连接

3)预制装配式剪力墙结构体系。预制装配式剪力墙结构体系可以分为部分或全预制剪力墙结构、多层装配式剪力墙结构、叠合板式混凝土剪力墙结构等。

①部分或全预制剪力墙结构。部分或全预制剪力墙结构主要是指内墙采用现浇、外墙采用预制的形式。预制构件之前的连接方式采用现场现浇的方式。北京万科的工程中采用了这种结构,并且已经成为试点工程。由于内墙现浇致使结构性能与现浇结构差异不大,因此适用范围较广,适用高度也较大。部分或全预制剪力墙结构是目前采用较多的一种结构体系。全预制剪力墙结构的剪力墙全部由预制构件拼装而成,预制墙体之间的连接方式采取湿式连接。其结构性能小于或等于现浇结构。该结构体系具有较高的预制化率,但同时存在某些缺点,比如具有较大的施工难度、具有较复杂的拼缝连接构造。表1.1所示为剪力墙结构体系各项指标的分析。

表1.1 剪力墙结构体系各项指标的分析

类型		优缺点	技术成熟度	主体结构工业化程度	国内应用情况	适用范围
装配整体式剪力墙结构	竖向钢筋套筒灌浆连接	连接可靠;成本高、施工烦琐;不便质量检验	成熟、有规范依据	一般~较高	较多	住宅高层建筑
	竖向钢筋浆锚搭接连接	成本较低;不宜用于动载、一级抗震结构;加工较难、不便质量检验	较成熟,规范依据尚不定	一般~较高	较多	
	底部预留后浇区竖向分布钢筋连接	连接可靠,检验方便;后浇混凝土增加;构件制作难度增加	较成熟,无规范依据	一般~较高	试点	
	竖向钢筋在水平后浇带内采用环套搭接连接和机械连接等方式	钢筋连接性能研究不充分;施工较方便;质量检验方便	研发阶段,相关规范正在编制中	一般~较高	试点	
内浇外挂体系		安全可靠;施工难度较低,便于检验	较成熟,有规范依据	一般	较多	住宅高层建筑
叠合板剪力墙结构		适用高度低;生产、施工效率高;成本较低,检验方便	较成熟,有规范依据	较高	较少	住宅多层及高层建筑

②多层装配式剪力墙结构。多层装配式剪力墙结构是近年来借鉴日本与我国20世纪的实践,同时考虑到我国城镇化与社会主义新农村建设的发展,顺应各方需求,适当地降低房屋的结构性能,而开发的一种新型多层预制装配剪力墙结构体系。这种结构对于预制墙体之间的连接也可以适当降低标准,只进行部分钢筋的连接。其具有施工速度快、结构简单的优点,适用于各地区大量不超过6层的房屋建造。

③叠合板式混凝土剪力墙结构。叠合板分为叠合式墙板和叠合式楼板。装配整体式剪力墙结构由叠合板辅以必要的现浇混凝土剪力墙、边缘构件、板以及梁等构件组成。叠合式墙板可采用两种形式:一种是单面叠合剪力墙;另一种是双面叠合剪力墙。双面叠合剪力墙是一种竖向墙体构件,它由中间后浇混凝土层与内外叶预制墙板组成。在受力性能及

设计方法上,叠合板式剪力墙不同于现浇结构,其适用高度不大,一般要求控制在18层以下。在更高的建筑中使用该结构,还需要进一步研究与论证。抗震设防烈度要求不大于7度。

④预制装配式框架-剪力墙结构体系。对于框架的处理,装配式框架-剪力墙结构与装配式框架结构这两者基本是一样的。剪力墙部分可采用两种形式:一种是现浇;另一种是预制。如果布置形式是核心筒形式的剪力墙,则是装配式框架-核心筒结构。现阶段国内装配式框架-现浇剪力墙结构已经使用很广泛了(图1.8)。

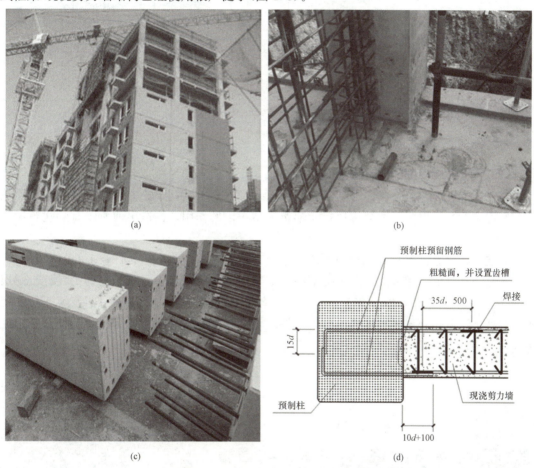

图1.8 预制装配式框架-剪力墙结构体系
(a)装配整体式框架-现浇剪力墙结构;(b)预制框架柱现浇剪力墙;
(c)预制框架柱;(d)预制框架柱与现浇剪力墙连接详图

4)盒子结构体系。盒子结构体系是工业化程度较高的一种装配式建筑形式,是整体装配式建筑结构体系,预制程度能够达到90%。这种体系是在工厂中将房间的墙体和楼板连接起来,预制成箱形整体,甚至其内部的部分或者全部设备的装修工作:门窗、卫浴、厨房、电器、暖通、家具等都已经在箱体内完成,外立面装修也可以完成。将这些箱形的整体构件运至施工现场,就像"搭建积木"一样拼装在一起(图1.9),或与其他预制构件及现制构件相结合建成房屋。在盒子结构建筑中一个"房间"类似传统建筑中的砌块,在工厂预制以后,运抵现场进行垒砌施工,只不过这种"盒子式的房间"不再仅是一种建筑材料,而是一种空间模块。现场仅需要完成盒子就位、构件之间的连接、管线连接等总体工序。这样就能够把现场工作量控制在最低限度。单位面积混凝土的消耗量很少，只有 0.3 m³，与传统建筑相比，不仅可以明显节省 20%的钢材与 22%的水泥，而且其自重会减轻大半。

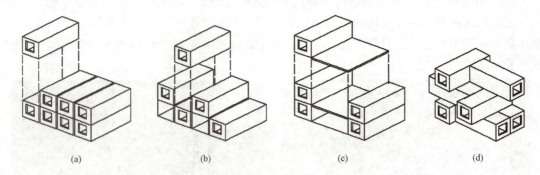

图 1.9　盒子结构体系
(a)叠合式；(b)错开叠合式；(c)盒子-板材组合式；(d)双向交错叠合

1967 年，加拿大蒙特利尔市建成了一个由 354 个盒子构件组成，其中包含了商店等公共设施在内的综合性居住体。这座名为"Habitat 67"（67 号栖息地）的钢筋混凝土盒子建筑充分发挥了"盒子"作为一种结构形式和建筑造型手段的作用，创造出前所未有的建筑形象（图 1.10）。

目前，世界上已有 30 多个国家修建了盒子构件房屋，生产盒子构件较多的国家也有 20 多个。盒子构件的使用范围也由低层发展到多层乃至高层。有的国家已建到 15 层或 20 层以上（图 1.11）。我国自 1979 年起，在青岛、南通、北京等地，陆续试建了几栋盒子构件房屋。青岛已试制钢筋混凝土隧道形盒子构件。现已建成的北京丽都饭店属于轻型盒子构件建筑，第一期工程共用引进的钢构架轻型盒子构件 500 多个。

图 1.10　加拿大的"67 号栖息地"

图 1.11　日本东京中银舱体楼

1.2 国外装配式建筑的发展概况

国外的工业化概念起步较早，20世纪五六十年代开始全面建立工业化生产体系，经历了量、质、节能环保的发展过程。法国是世界上推行建筑工业化最早的国家之一。1891年，巴黎Ed.Coigent公司首次在Biarritz的俱乐部建筑中使用装配式混凝土梁。

第二次世界大战结束后，装配式混凝土结构首先在西欧发展起来，然后推广到美国、加拿大、日本等国。发达国家住宅生产的工业化，早期均采用专用体系，其虽然加快了住宅建设速度，提高了劳动生产率，但也暴露出工业化住宅缺乏个性的缺点。因此，在专用体系的基础上，各国又先后积极推行了通用体系，以部件为中心组织专业化、社会化大生产。

1.2.1 法国装配式建筑的发展

第二次世界大战结束后，法国为解决住房紧缺问题，采用了大规模建设工业化住宅的方式，开发了成片住宅新区。建设的理论指导是功能主义等现代派建筑理论，口号是"又多、又快、又省地建设住宅"，施工手段是以预制大板和工具式模板为主。法国的工业化住宅特点如下：

(1) 钢结构住宅产业化。法国在1949年生产建造了大量钢结构住宅，这类住宅采取产业化生产，成本控制严格。1985年，法国政府通过普查发现，这部分钢结构产业化住宅状况良好（图1.12）。

(a)   (b)

图1.12 早期法国的装配式建筑

(a) 法国建筑师Jean Prouvé的单层预制结构；(b) 施工中的法国装配式混凝土围护结构

(2) 对节能环保建筑进行税收政策鼓励和引导。政府明确表示，不仅减少使用再生能源住宅的税收，而且减少使用隔热材料、暖气调节设备建筑的税收。达到条件的开发商能够得到政府适当的财政补贴。

1.2.2 美国装配式建筑的发展

美国大规模推广装配式建筑源于20世纪50年代。1976年,美国国会通过了国家工业化住宅建造及安全法案(National Manufactured Housing Construction and Safety Act),同年颁布了一系列严格的行业规范标准。2007年,美国的装配式建筑生产总值达到118亿美元。在美国,装配式建筑偏好钢结构+PC挂板组合结构,将其广泛应用于低碳房屋,如住宅、公共建筑、养老居所、旅游度假酒店、会所、营房、农村住房等各类建筑,具有绿色低碳抗震节能等特点,满足高抗震设防要求。所有构件工厂化生产,现场安装快捷方便,比传统建筑施工节约了60%工时。建筑部件的大部分可通用互换,90年的房屋寿命结束后,90%的材料可以回收利用,避免了二次污染。

美国住宅建筑市场发育完善,除工厂生产的活动房屋(Mobile Home)和成套供应用的木框架结构的预制构配件外,其他混凝土构件与制品、轻质板材、室内外装修以及设备等产品种类十分丰富。厨房、卫生间、空调和电器等设备近年来逐渐趋向组件化,以提高功效、降低造价,便于非技术工人安装(图1.13、图1.14)。美国的住宅产业化的特点如下:

图1.13 美国整体装配式的 Breeze House 住宅

图1.14 北卡罗来纳州阿什维尔公寓

(1)标准化程度高。对于工业住宅的各个方面,包括设计、施工、节能、防风、采暖制冷以及管道系统等,美国政府都制定了详细的标准。

(2)建筑市场具有完善的体系,居民可以根据提供的住宅产品目录,对建筑房屋所需的材料与部品自定义进行采购,同时可以委托承包商建造。美国的住宅大多采用装配式木结构或轻钢结构,建造速度快,一般3~4层木结构两周即可完成。

1.2.3　德国装配式建筑的发展

德国及其他欧洲发达国家的建筑工业化起源于20世纪20年代,最早的预制混凝土板式建筑是1926—1930年在柏林利希滕伯格-弗里德希菲尔德(Berlin-Lichtenberg,Friedrichsfelde)建造的战争伤残军人住宅区。该项目共有138套住宅,为2~3层楼建筑。如今该项目的名称是"施普朗曼(Splanemann)居住区"。该项目采用现场预制混凝土多层复合板材构件,构件最大质量达到7 t(图1.15、图1.16)。

图1.15　德国最早的预制
混凝土建筑——施普朗曼居住区

图1.16　德国早期的预制混凝土小住宅

目前,德国的公共建筑、商业建筑、集合住宅项目大多因地制宜,根据项目特点,选择现浇与预制构件混合建造体系或钢混结构体系建设实施,并不追求高装配率,而是通过策划、设计、施工各个环节的精细化优化过程,寻求项目的个性化、经济性、功能性和生态环保性能的综合平衡。

1.2.5　其他国家装配式建筑的发展综述

日本的住宅工业化始于20世纪60年代初期,产生了盒子住宅、单元住宅、大型壁板式住宅等工业化住宅形式。日本在20世纪60年代颁布了《建筑基准法》;70年代颁布了"工业化建筑质量管理优质工厂认定制度",同时期占总数15%左右的住宅采用产业化方式生产;80年代确定了"工业化建筑性能认定制度",装配式住宅占总数的20%~25%;90年代,经过多年的实践和创新,形成了适应客户不同需求的"中高层装配式建筑生产体系",同时完成了规模化和产业化的结构调整,提高了建筑工业化水平与生产效率。

加拿大已经实现了从 BIM 模型到轻钢结构转换的特殊环节,并且委托给任何一家有加工能力的企业定制轻钢结构,生产完成后现场组装。一是极大地压缩了现场生产周期,提高了装配速度;二是将加工、组装环节完全委托外包,在业务上更有扩张力。

新加坡于 20 世纪 80 年代引进澳大利亚、法国、日本先进的装配式房屋建筑技术,并率先在保障房(组屋)领域大规模推广。目前结合本国特点,形成了具有本土特色的装配式建筑体系(图 1.17)。

图 1.17　新加坡的达士岭组屋
注:组屋共包括七栋大楼,整体的预制装配率达到 94%

1.3　国内装配式建筑的发展概况

1.3.1　发展起步期(1949—1977 年)

20 世纪 50 年代,我国完成第一个五年计划,建筑工业快速发展。当时我国的建筑设计相关标准及规范全部学习苏联,设计院也由苏联专家指导,标准化和模数化广泛运用。

1956 年,国务院发布了重要文件——《关于加强和发展建筑工业的决定》。在新中国历史上首次提出"三化"的概念,即设计标准化、构件生产工厂化、施工机械化。20 世纪 50 年代苏联援建的 153 个大型项目的建设过程中,柱、梁、屋架和屋面板等主要的建筑构件,都在工地附近的场地预制,并在现场由履带式起重机安装。但当时的墙体材料仍然采用小型烧结普通砖,由工人手工砌筑墙体。

20 世纪 70 年代,国内发展了大型砌块、楼板、墙板结构构件的施工技术,这标志着我国初步建立了装配式建筑技术体系。当时普遍存在的相关技术包括大板住宅体系大模板("内浇外挂"式住宅体系)和框架轻板住宅体系等。1973 年,北京前三门大街的 26 栋高层住宅建成,这是我国最早的装配式混凝土高层住宅,其应用了大模板现浇、内浇外板结构等装配式施工模式。1976 年,唐山在大地震后,建造了一大批抗震性能非常好的内浇外挂装配式住宅,解决了当时的急迫需求,这些住宅至今保存完好(图 1.18)。

图 1.18　唐山大地震后修建的内浇外挂装配式住宅

1.3.2　发展探索期(1978—1998 年)

到了 20 世纪 80 年代，北方地区已经形成通用的全装配住宅体系，在实践方面，北京、天津、沈阳以及南方的上海等地均采用装配式建造方式建设了较大规模的居住小区。商品混凝土的兴起，为现浇建设方式提供了充足的劳动力和生产原料。大模板现浇钢筋混凝土技术(大板建筑)开始出现，并带动了内浇外砌与外浇内砌等在当时较有优势的建筑技术体系(图 1.19)。

图 1.19　西南交通大学峨眉校区大板宿舍楼

1979 年，建设部颁布了我国第一部关于装配式结构的设计标准，即《装配式大板居住建筑结构设计和施工暂行规定》(JGJ 1—1979)。1991 年又发布了《装配式大板居住建筑结构设计和施工规程》(JGJ 1—1991)。

在模数标准方面,我国先后在 1987 年和 2001 年编制和修编了《住宅建筑模数协调标准》。

在标准设计方面,我国在 1989 年和 2008 年编制和修编了《住宅厨房及相关设备基本参数》,2008 年发布了《住宅卫生间功能及尺寸系列》(GB/T 11977—2008)。20 世纪 80 年代中期编制的《全国通用城市砖混住宅体系图集》《北方通用大板住宅建筑体系图集》等,以及近几年来国家和地方编制的各种住宅标准化设计图集,扩大了住宅标准设计的通用程度,也发展了系列化建筑构配件。

1986 年,无锡进行了支撑体系住宅的实践研究;天津通过开发 TS 支撑体系进行实验探索。1992 年,国家"八五"重点课题《住宅建筑体系成套技术》中的《适应型住宅通用"填充(可拆装)体"研究》,研发了适用于我国住宅结构体系的适应型住宅通用"填充(可拆装)体",并指导了北京翠微小区适应型住宅试验房的建设。

1996 年,建设部颁布《住宅产业现代化试点工作大纲》(建房〔1996〕第 181 号)和《住宅产业现代化试点技术发展要点》,明确提出了"推行住宅产业现代化,即用现代科学技术加速改造传统的住宅产业,以科技进步为核心,加速科技成果转化为劳动力,全面提高住宅建设质量,改善住宅的使用功能和居住环境,大幅度提高住宅建设劳动生产率"。

1.3.3 发展快速期(2000 年至今)

2006 年,建设部颁布了《国家住宅产业化基地实施大纲》,2013 年 1 月,国家发改委和住建部联合发布了《绿色建筑行动方案》(国办发〔2013〕1 号),明确将推动建筑工业化作为十大重点任务之一。在大力推动转变经济发展方式,调整产业结构和大力推动节能减排工作的背景下,北京、上海、沈阳、深圳、济南、合肥等城市地方政府以保障性住房建设为抓手,陆续出台支持建筑工业化发展的地方政策并积极建设建筑产业化示范基地(图 1.20)。

图 1.20 济南、合肥等地积极建设建筑产业化示范基地

2016 年,国务院给出了宏观层面的指导意见,通过顶层设计确定了装配式建筑的相关工作目标,并颁布了相关的扶持政策,装配式建筑项目如雨后春笋般在各地开建。

1.4 发展装配式建筑的意义及前景

1.4.1 装配式建筑的发展背景

(1)城镇化快速发展,建筑新建量巨大。我国正处于城镇化快速发展的特殊时期,是目前世界上新建建筑量最大的国家,平均每年在建 20 亿平方米左右的新建筑,相当于全世界每年新建建筑的 40%。在如此持续高涨的建设热潮下,国内建筑理论蓬勃发展,新的设计方法与支撑技术不断涌现,城市空间形态品质日益提高。装配式建筑是新的建设技术与营造方式的典型代表之一。

(2)生产问题频繁发生,建筑质量难以保障。传统建设活动技术集成能力较低、管理方式简单、劳动力素质偏低、生产手段也较为落后。在施工过程中,建筑安全等生产事故频频发生,建筑质量也难以得到保障。因此,这种粗放式的传统建设模式有待转型(图 1.21)。

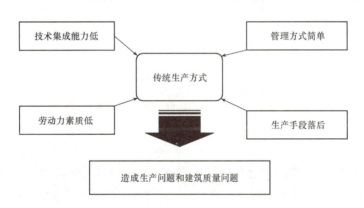

图 1.21 传统生产方式导致的生产问题和质量问题

(3)建设模式仍粗放,生态问题较突出。当前,我国建筑业仍采用相对粗放的传统建设模式:一方面,建造施工过程对资源和能源的利用率相对较低;另一方面,粗放建设活动对自然生态环境形成破坏,导致了土地浪费、污染严重等一系列生态问题。

1.4.2 装配式建筑的影响要素

装配式建筑是建筑产业未来发展的必然趋势,发展装配式建筑会对如下因素产生影响。

(1)经济因素。装配式建筑的经济投入方式与传统建筑不同,资金在前期的一次性投入过高,这就会产生一定的增量成本,但通过装配式建筑的全生命周期(前期阶段、建造阶段、运营阶段、智能化系统管理阶段)的运作管理比较,则比传统现浇建筑要低很多。表 1.2 所示是建筑工业化方式与传统方式建造阶段资源消耗对比。图 1.22 所示为传统住宅和装配式住宅的成本比较。

表1.2 建筑工业化方式与传统方式建造阶段资源消耗对比

统计项目	装配式项目	传统施工项目	相对传统方式降低
每平方米能耗/(千克标准煤·m^{-2})	约15	19.11	约20%
每平方米水耗/($m^3·m^{-2}$)	0.53	1.43	63%
每平方米木模板量/($m^3·m^{-2}$)	0.002	0.015	87%
每平方米产生垃圾量/($m^3·m^{-2}$)	0.002	0.022	91%

注：数据来源《深圳建筑科学研究院所监测》。

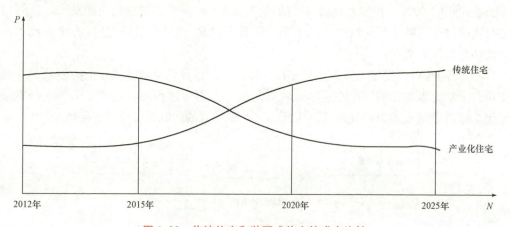

图1.22 传统住宅和装配式住宅的成本比较

(2)环境因素。

1)提高空气质量。传统的现浇住宅不仅施工时产生大量的施工垃圾，造成空气污染，对后期居住环境的空气质量的注重也有所欠缺，而装配式建筑没有这些缺点。

2)营造舒适的室内物理环境。装配式建筑能够通过技术手段进行隔声减噪处理，对建筑的主要构件可以进行性能的控制，从而能够营造良好的室内声环境。装配式建筑在规划设计时应对周边建筑光环境进行详细调查和研究，从技术上避开光污染源；对道路相关的照明系统和景观系统进行系统设计和优化，以避免公共照明对建筑的影响。装配式建筑在设计过程中通过绿色建筑设计，能够实现良好的室内风环境。

3)保护自然资源环境。装配式建筑等工业化项目的实践过程中，可以大幅度降低能耗、水耗、木材等模板材料消耗，并降低建筑垃圾的生成量，有效地保护自然资源和生态环境。此外，可通过雨水回收利用和污水减排等措施，有效地降低排污费用，并能够缓解城市市政和生态环境的压力。探索节能、环保、低碳的生态建设模式，装配式建筑是很好的发展对象(图1.23)。

(3)社会因素。

1)减少用水等财政损失。据资料显示，我国每平方米水资源的浪费会造成国家5.8～8.0元的财政损失。装配式建筑所采取的节水等措施不仅会带来直接的经济效益，而且会减少国家的财政损失。

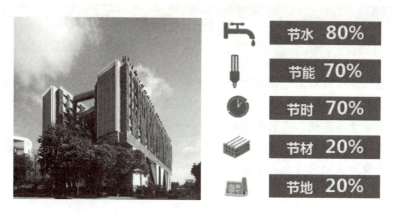

图 1.23 装配式建筑的生态建设模式

2)提高社会生产率。工业化生产安装是在现场拼接的,施工是机械吊装的,这使工人的劳动强度得到极大的降低,大大提高工人劳动生产率,减轻劳动强度,与传统施工方式相比工期缩短近 50%,节约人工 20%~30%(图 1.24)。装配式构件能够省去很多传统建筑需要的施工工序,例如抹砂浆、保温层、外装修和墙体开槽等工序。

3)提高品牌知名度。我国装配式建筑发展以来,全国设立了许多示范工程,为房地产开发商、使用方树立了品牌形象,提高了品牌知名度。其中以万科集团和远大住工的知名度最高(图 1.25)。对装配式建筑这一品牌所进行全寿命周期的积累投入有很多优点:一是可以提升品牌本身的附加值;二是可以增加市场占有率。

图 1.24 装配式建筑的现场施工

图 1.25 万科东莞住宅产业化研究基地

1.4.3 装配式建筑发展的前景

借鉴国外发达国家预制装配式混凝土建筑与住宅产业化发展的成功经验,结合行业基础和现状,我国未来预制装配式混凝土建筑与住宅产业化发展的前景应该是形成领军的龙头企业,确立工程总承包的发展模式(EPC),形成成熟的多样化的技术体系和通用体系,形成成熟的 SI 体系并向公共建筑、工业建筑领域拓展,全面应用 BIM 信息化技术。

本章小结

装配式建筑是用通过工厂预制的各类部品、部件在工地装配而成的建筑。《装配式混凝土建筑技术标准》(GB/T 51231—2016)对装配式建筑的定义如下：结构系统、外围护系统、设备与管线系统、内装系统的主要部分采用预制部品、部件集成的建筑。装配式建筑主要包括装配式混凝土建筑、装配式轻钢结构建筑及装配式木结构建筑。装配式建筑是建筑产业升级换代的发展方向。

复习思考题

1.1 装配式建筑的优点和缺点是什么？
1.2 装配式建筑的结构体系有几种？
1.3 预制混凝土装配式建筑有哪些类型？
1.4 简述国内装配式建筑大致经历的阶段。
1.5 装配式建筑的影响因素有哪些？
1.6 简述国内装配式建筑的发展前景。

第 2 章　装配式建筑设计基础

本章要点

了解装配式建筑和现浇式建筑建设流程以及设计流程的差异，掌握装配式建筑设计的原则以及设计要点。

装配式建筑相对传统建筑的建设模式和生产方式发生了深刻的变革，在装配式建筑的建设流程中，需要建设、设计、生产和施工各单位精心配合，协同工作。因此，装配式建筑各阶段工作与传统建筑相比较，都呈现出一定的差异性，具有自身的特征（图 2.1）。

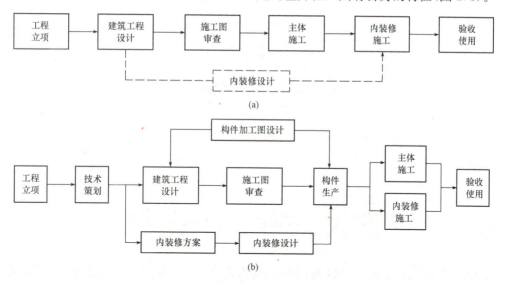

图 2.1　传统建筑和装配式建筑的建设流程比较
（a）现浇式建设流程参考图；（b）装配式建设流程参考图

装配式建筑的设计工作，与采用现浇结构的建筑设计工作相比也不尽相同（图 2.2），同时，装配式建筑在设计特征方面，还呈现出流程精细化、设计模数化、配合一体化、成本精准化和技术信息化五个方面的特点。

（1）流程精细化。装配式建筑的建设流程更全面、更综合、更精细，因此，在传统的设计流程基础上，增加了前期技术策划和预制构件加工图设计两个设计阶段，使得设计流程更加精细化。

（2）设计模数化。模数化是建筑工业化的基础，通过建筑模数的控制可以实现建筑、构件、部品之间的统一，从模数化协调到模块化组合，进而使预制装配式建筑迈向标准化设计。

（3）配合一体化。在装配式建筑设计阶段，应与各专业和构配件厂家充分配合，做到主体结构、预制构件、设备管线、装修部品和施工组织的一体化协作，优化设计成果。

（4）成本精准化。装配式建筑的设计成果直接作为构配件生产加工的依据，并且在同样的装配率条件下，预制构件的不同拆分方案也会给投资带来较大的变化，因此设计的合理性直接影响项目的成本。

（5）技术信息化。BIM是利用数字技术表达建筑项目几何、物理和功能信息以支持项目全生命期决策、管理、建设、运营的技术和方法。装配式建筑设计通常采用BIM技术，提高预制构件设计完成度与精确度。

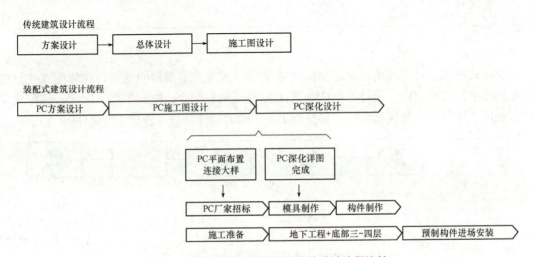

图2.2 传统建筑和装配式建筑的设计流程比较

2.1 装配式建筑设计原则

装配式建筑设计应符合建筑功能和性能要求，符合可持续发展和绿色环保的设计原则，利用各种可靠的连接方式将预制构件装配起来，并宜采用主体结构、装修和设备管线的装配化集成技术，综合协调给水排水、燃气、供暖、通风和空气调节设施、照明供电等设备系统空间设计，考虑安全运行和维修管理等要求。另外，作为实现建筑工业化发展的手段，装配式建筑设计应遵循以下原则。

2.1.1 少规格、多组合原则

建筑设计中有标准化程度高的建筑类型，如住宅、学校教学楼、幼儿园、医院、办公楼等，也有标准化程度低的建筑类型，如剧院、体育场馆、博物馆等。对于装配式建筑而言，比较适用于标准化程度较高的建筑类型，这样，同种规格的预制构件才能最大化地被利用，提高效率，带来比较好的经济效益。

装配式建筑设计要求建筑师具有工业化建筑设计理念，尽量按照标准化生产，设计出可组合的单元。同一种房型尽量多套用，不同房型尽量在外围护构件上标准化，同模数。外围护构件一般适合做 PC 构件的有阳台、空调板、凸窗、山墙等，各房型楼梯建议同模数，重复率高。优先选用房型套用率高（平面套用多）和标准层多的建筑的单体（立面套用多），优先选择建筑方案规则的。立面规整、平面拉平处较多的建筑比较适宜做 PC 建筑。图 2.3 所示为北京某小区 4#楼标准平面图。

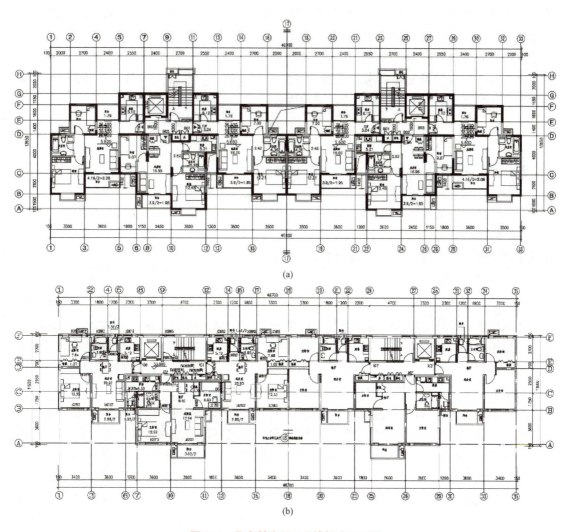

图 2.3　北京某小区 4#楼标准平面图
(a)传统的建筑设计标准层平面图；(b)装配式建筑的标准层平面图

由此可见，装配式建筑设计阶段宜选用体型较为规整的大空间平面布局，合理布置承重墙及管井位置。此外，伴随装配式建筑技术的不断提高，预制建筑体系的发展也在逐渐适用于我国各地各类建筑功能范围和性能要求，普遍遵循标准化设计、模数协调、构件工厂化加工制作，并在不断提升装配式建筑占新建建筑的比例。

2.1.2 建筑模数协调原则

装配式建筑的根本特征是生产方式的工业化,从建筑设计角度看,体现为标准化、模数化的设计方法。模数在装配式建筑中是非常重要的,它是建筑工业化生产的基础,能达到优化尺寸系列化和通用化的目标,还有一个关键点是协调建筑要素之间的相互关系。装配式建筑标准化设计的基础是模数协调,应在模数化的基础上以基本单元或者基本户型为模块采用基本模数、扩大模数、分模数的方法实现建筑主体结构、建筑内装修以及内装部品等相互间的尺寸协调,做到构件、部品设计、生产和安装等环节的尺寸协调。模数的采用及进行模数协调应符合部件受力原理、生产简单、优化尺寸和减少部件种类的需要,满足部件的互换、位置可变的要求。模数不仅限于开间进深,也深入构件,包括内装部品。内装部品与主体建筑的关系,是一个系列的模数协调关系。

1. 平面设计的模数协调

建筑的平面设计应采用基本模数或扩大模数。过去,我国在建筑的平面设计中的开间、进深尺寸中多采用 3M(300 mm),设计的灵活性和建筑的多样化受到较大的限制。目前,我国为适应建筑设计多样化的需求,增加设计的灵活性,多选择 2M(200 mm)、3M(300 mm)。但是在装配式住宅设计中,根据国内墙体的实际厚度,结合装配整体式剪力墙住宅的特点,建议采用 2M+3M(或 1M、2M、3M)灵活组合的模数网格,以满足住宅建筑平面功能布局的灵活性及模数网格的协调性要求。

2. 设计高度的模数协调

建筑的高度及沿高度方向的部件也应进行模数协调,采用适宜的模数及优选尺寸。装配式建筑的层高设计应按照建筑模数协调的要求,采用基本模数或扩大模数 nM 的设计方法实现结构构件、建筑部品之间的模数协调。层高和室内净高的优选尺寸间隔为 1M。优先尺寸是从基本模数、导出模数和模数数列中事先挑选出来的模数数列,它与地区的经济水平和制造能力密切相关。尺寸越多,则灵活性越大,部件的可选择性越强;尺寸越少,则部品的标准化程度越高,但实际应用受到的限制越多,部件的可选择性越弱。考虑经济性与多样性,我们在做装配式住宅建筑设计时,根据经验开间尺寸多选择 $3nM$、$2nM$,进深多选择 nM,高度多选用 $0.5nM$ 作为优先尺寸的数列。

立面高度的确定涉及预制构件及部品的规格尺寸,应在立面设计中贯彻建筑模数协调的原则,确定出合理的设计参数,以保证建筑过程中,在功能、质量和经济效益方面获得优化。

室内净高应以地面装修完成面与吊顶完成面为基准面来计算模数空间高度。为实现建筑垂直方向的模数协调,达到可变、可改、可更新的目标,需要设计成符合模数要求的层高。各类建筑的层高确定还要满足规范对建筑净高(层高)的要求。

3. 构造节点的模数协调

建筑构造节点是装配式建筑的关键所在,通过构造节点的连接和组合,使所有的构件和部品成为一个整体。构造节点的模数协调,可以实现连接节点的标准化,提高构件的通用性和互换性。

构配件（部品）组合时，应明确各构配件（部品）的尺寸与位置，使设计、制造与安装等各个部门配合简单，满足装配整体式建筑设计精细化、高效率和经济性要求。分模数为 1/10M、1/5M、1/2M 的数列，主要用于建筑的缝隙、构造节点、构配件截面尺寸等处。分模数不应用于确定模数化网格的距离，但根据需要可用于确定模数化网格的平移距离。不仅结构、配筋、机电管线，包括建筑装饰的点位控制，都应该有一个完整的考虑。结合这些基于工业化制造需求的设计、生产、施工一体化的探索，从传统建筑的粗放转变为精细。

2.1.3 集成化设计原则

集成化设计就是装配式建筑按照建筑、结构、设备和内装一体化设计原则，并以集成化的建筑体系和构件、部品为基础进行的综合设计。建筑内装设计与建筑结构、机电设备系统有机配合，是形成高性能品质建筑的关键，而在装配式建筑中还应充分考虑装配式结构体的特点，利用信息化技术手段实现各专业间的协同配合设计。

装配式建筑应通过集成化设计实现集成技术应用；如建筑结构与部品部件装配集成技术，建筑结构体与机电设备一体化设计，采用管线与结构分离等系统集成技术、机电设备管线系统集中布置，管线及点位预留、预埋到位的集成化技术等（图2.4）。装配式建筑集成化的设计有利于技术系统的整合优化，有利于施工建造工法的相互衔接，有利于提高生产效率和建筑质量与性能。

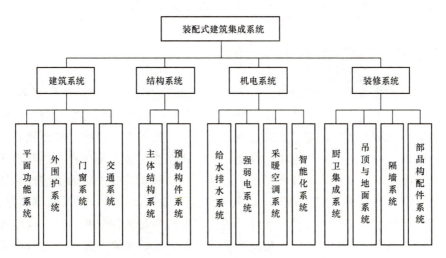

图2.4 装配式建筑的集成系统图

建筑信息模型技术是装配式建筑在建造过程的重要手段，通过信息数据平台管理系统将设计、生产、施工、物流和运营管理等各环节连接为一体，共享信息数据、资源协同、组织决策管理系统，对提高工程建设各阶段、各专业之间协同配合效率和质量，以及一体化管理水平具有重要作用。

2.2 装配式建筑设计的要点

2.2.1 一般规定

1. 基本要求

装配式建筑设计必须符合国家政策、法规规范的要求及相关地方标准的规定，应符合建筑的使用功能和性能要求，体现以人为本、可持续发展、节能、节地、节材、节水、环境保护的指导思想。

2. 装配式建筑的本质特征

我国当前积极推进的装配式建筑以标准化设计、工厂化生产、装配化施工、一体化装修和信息化管理为主要特征，并形成完整的、有机的产业链，实现房屋建造全过程的工业化、集约化和社会化，从而提高建筑工程质量和效益，实现节能减排与资源节约。

建筑产业化的核心是生产工业化，生产工业化的关键是设计标准化，最核心的环节是建立一整套具有适应性的模数以及模数协调原则。设计中据此优化各功能模块的尺寸和种类，使建筑部品实现通用性和互换性，保证房屋建设过程中，在功能、质量、技术和经济等方面获得最优的方案，促进建造方式从粗放型向集约型转变。

2.2.2 技术策划先行与经济性分析

装配式建筑的建造是一个系统工程，相比传统的建造而言，约束条件更多、更复杂。为了实现提高工程质量、提升生产效率、减少人工作业、减少环境污染的目标，体现装配式建筑的"两提两减"的优势，需尽量减少现场湿作业，构件在工厂按计划预制并按时运到现场，经过短时间存放进行吊装施工。因此，装配式建筑实施方案的经济性与合理性、生产组织和施工组织的计划性，设计、生产、运输、存放和安装等工序的衔接性和协同性等方面，相比传统的建造方式尤为重要。好的策划能有效控制成本，提高效率，保证质量，充分体现装配式建筑的工厂化优势。因此，装配式建筑与现浇建筑相比较，应增加项目的技术策划阶段，技术策划的总体目标是使项目的经济效益、环境效益和社会效益实现综合平衡，技术策划的重点是项目经济性的评估。

(1) 进行前期的方案策划、经济性及可建造性分析。在项目技术策划阶段进行前期方案策划及经济性分析，对规划设计、部品生产和施工等建设流程中各个环节统筹安排。建筑、结构、机电、内装修、经济、构件生产等环节密切配合，对技术选型、技术经济可行性和可建造性进行评估。

(2) 确定项目的结构选型、维护结构选型、集成技术配置等，并确定项目装配式建造目标。

1) 概念方案和结构选型的合理性。首先，装配式建筑的设计方案要满足使用功能的需求；其次，要符合标准化设计的要求，具有装配式建造的特点和优势，并全面考虑易建性和建造的效率；最后，结构选型要合理，其对建筑的经济性和合理性非常重要。

2）预制构件厂技术水平、可生产的预制构件形式与生产能力。装配式建筑中预制构件几何尺寸、质量、连接方式、集成程度、采用平面构件还是立面构件等技术配置，需要结合预制构件厂的实际情况来确定。

（3）装配式建筑应在适宜的部位采用标准化的产品。根据国内外的实践经验，适宜采用预制装配的建筑部位如下：

1）具有规模效应、统一标准的，易生产的，能够显著提高效率和质量、减少人工和浪费的部位。

2）技术上难度不大、可实施度高、易于标准化的部位。

3）现场施工难度大，适宜在工厂预制的部位。比如复杂的异型构件，需要高强度混凝土等现场无法浇筑的部位，集成度和精度要求高，需要在工厂制作的部位等。

4）其他有特殊要求的部位，例如，建筑围护结构以及楼梯、阳台、隔墙、空调板、管道井等配套构件、室内外装修材料宜采用工业化、标准化产品。如图 2.5 所示，楼梯、栏杆等均为成品组装，由工厂生产，现场直接工具式安装。这样不仅质量可靠，安装效率高，后期维护更换也快捷。

图 2.5　楼梯、栏杆等标准化构件

根据建筑的主体结构及使用功能要求，适合装配的部位与构件种类，主要有楼梯、阳台、管道井等。这些部位和构件在装配式建筑建造过程中，易于做到标准化，便于重复生产。建筑使用功能空间分隔、内装修与内装部品是建筑中比较适宜采用工业化产品的部位。在内装修中宜采用工厂生产的部位现场组装。现阶段的内装修推广采用轻质隔墙进行使用功能空间的分隔，推广采用整体（集成式）厨房和整体（集成式）卫浴间，可以减少施工现场的湿作业，满足干法施工的工艺要求。

（4）项目可行性预估。

1）预制构件厂与项目的距离及运输的可行性与经济性。装配式建筑的施工应综合考虑预制构件厂的合理运输半径，用地周边应具备完善的构件、部品运输交通条件，用地应具有构件进出内部的便利条件。当运输条件受限制时，个别的特殊构件也可在现场预制完成。

2）施工组织及技术路线。主要包括施工现场的预制构件临时堆放方案可行性，用地是否具备充足的构件临时存放场地及构件在场区内的运输通道，构件运输组织方案与吊装方案协调同步，吊装能力、吊装周期及吊装作业单元的确定等。

3）经济可行性评估。装配式建筑设计应统筹建设方及各专业，按照项目的建设需求、用地条件、容积率等，结合预制构件厂生产能力及装配式结构适用的不同高度，进行经济性分析，确定项目的技术方案，包含结构形式、预制率、装配率。装配式建筑应结合项目的实际情况尽量采用预制构件，过低的预制率不能体现装配式建造的特点和优势。如图2.6所示，以南京丁家庄二期保障性住房A28地块示范项目的经济技术指标为例，可以看出较高的装配率可以产生较好的绿色节能效益。

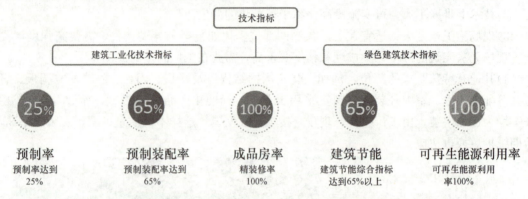

图2.6　南京丁家庄二期保障性住房A28地块示范项目的经济技术指标

预制率的计算内容主要针对主体结构和围护结构构件，其中包括预制外承重墙、预制外围护墙、内承重墙、柱、梁、楼板、外挂墙板、楼梯、空调板、阳台等构件。由于非承重内隔墙板的种类繁多，预制率计算中暂不包括这类构件。

预制率主要评价非承重构件和内装部品的应用程度，主要包括非承重内隔墙、整体（集成式）厨房、整体（集成式）卫生间、预制管道井、预制排烟道和护栏等。非承重内隔墙主要包括预制轻质混凝土整体墙板、预制混凝土空心条板、加气混凝土条板、轻钢龙骨内隔墙等以干法施工为特点的装配式施工工艺的内隔墙系统。

技术方案是前期技术策划的重要内容，要综合考虑建筑的适用功能、工厂生产和施工安装的条件等因素，明确结构类型、预制部位、构件种类及材料选择。

2.2.3　建筑设计要点解析

1. 规划设计要点解析

预制装配式建筑的规划设计在满足采光、通风、间距、退线等规划要求情况下，宜优先采用由套型模块组合的住宅单元进行规划设计。以安全、经济、合理为原则，考虑施工组织流程，保证各施工工序的有效衔接，提高效率。由于预制构件需要在施工过程中运至塔式起重机所覆盖的区域内进行吊装，因此在总平面设计中应充分考虑运输通道的设置，合理布置预制构件临时堆场的位置与面积，选择适宜的塔吊位置和吨位，塔式起重机位置应根据现场施工方案进行调整，以达到精确控制构件运输环节，提高场地使用效率，确保施工组织便捷及安全（图2.7）。

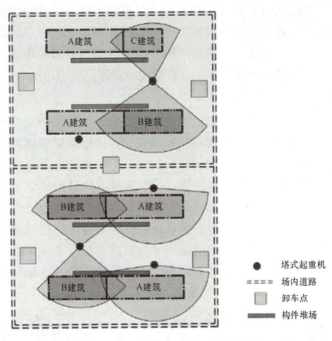

图 2.7 装配式建筑施工场地要求

2. 平面设计要点解析

预制装配式建筑平面设计应遵循模数协调原则，优化套型模块的尺寸和种类，实现住宅预制构件和内装部品的标准化、系列化和通用化，完善住宅产业化配套应用技术，提升工程质量，降低建造成本。以住宅建筑为例，在方案设计阶段，应对住宅空间按照不同的使用功能进行合理划分，结合设计规范、项目定位及产业化目标等要求确定套型模块及其组合形式。平面设计可以通过研究符合装配式结构特性的模数系列，形成一定标准化的功能模块，再结合实际的定位要求等形成合适工业化建造的套型模块，由套型模块再组合形成最终的单元模块（图 2.8）。

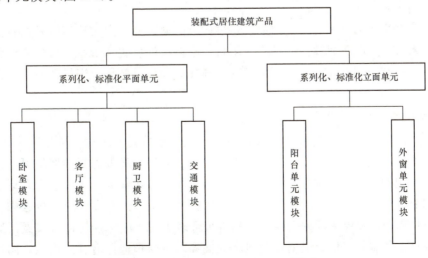

图 2.8 装配式住宅的标准化设计产品

建筑平面宜选用大空间的平面布局方式，合理布置承重墙及管井位置，实现住宅空间的灵活性、可变性。套内各功能空间分区明确、布局合理。通过合理的结构选型，减少套内承重墙体的出现，使用工业化生产的易于拆改的内隔墙划分套内功能空间。如装配式住宅建筑大空间实现了灵活性、可变性，一个套型应根据家庭使用功能的需要灵活改变。

3. 立面设计要点解析

预制装配式建筑的立面设计应利用标准化、模块化、系列化的套型组合特点。预制外墙板可采用不同饰面材料展现不同肌理与色彩的变化，通过不同外墙构件的灵活组合，实现富有工业化建筑特征的立面效果。预制装配式建筑外墙构件主要包括装配式混凝土外墙板、门窗、阳台、空调板和外墙装饰构件等，可以充分发挥装配式混凝土剪力墙结构住宅外墙构件的装饰作用，进行立面多样化设计。立面装饰材料应符合设计要求，预制外墙板宜采用工厂预涂刷涂料、装饰材料反打、肌理混凝土等装饰一体化的生产工艺。当采用反打一次成型的外墙板时，其装饰材料的规格尺寸、材质类别、连接构造等应进行工艺试验验证，以确保质量。例如，在江苏南京丁家庄二期保障性住房A28地块示范项目中，底部商业裙房立面的预制标准化GRC外挂艺术肌理板如图2.9和图2.10所示。

图2.9　商业裙房立面的预制标准化GRC外挂艺术肌理板

外墙门窗在满足通风采光的基础上，通过调节门窗尺寸、虚实比例以及窗框分隔形式等设计手法形成一定的灵活性；通过改变阳台、空调板的位置和形状，可使立面具有较大的可变性；通过装饰构件的自由变化可实现多样化立面设计效果，满足建筑立面风格差异化的要求。

4. 预制构件设计要点解析

预制装配式建筑的预制构件设计应遵循标准化、模数化原则；应尽量减少构件类型，提高构件标准化程度，降低工程造价。对于开洞多、异型、降板等复杂部位可考虑现浇的方式。注意预制构件质量及尺寸，综合考虑项目所在地区构件加工生产能力及运输、吊装等条件。同时，预制构件具有较高的耐久性和耐火性。预制构件设计应充分考虑生产的便利性、可行性以及成品保护的安全性。当构件尺寸较大时，应增加构件脱模及吊装用的预埋吊点的数量。预制外墙板应根据不同地区的保温隔热要求选择适宜的构造，同时考虑空调留洞及散热器安装预埋件等安装要求。对于非承重的内墙宜选用自重小，易于安装、拆

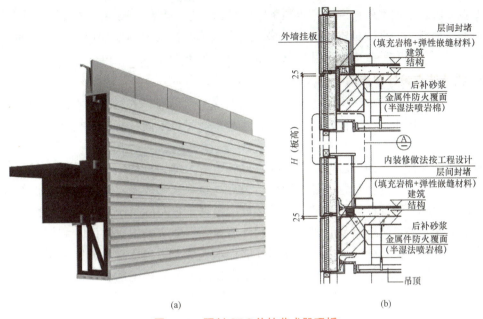

图 2.10 预制 GRC 外挂艺术肌理板
(a)预制 GRC 外挂艺术肌理板剖切示意图；(b)GRC 外挂节点详图

卸且隔声性能良好的填充墙体等。例如，内围护填充墙体采用陶粒混凝土板、NALC 板等成品板材。该板材自重小，对结构整体刚度影响小，防火及隔声性能好，且无放射性和有害气体溢出，绿色环保，适宜推广（图 2.11）。可根据使用功能灵活分隔室内空间，非承重内墙板与主体结构的连接应安全可靠，满足抗震及使用要求。用于厨房及卫生间等潮湿空间的墙体应具有防水、易清洁的性能。内隔墙板与设备管线、卫生洁具、空调设备及其他构配件的安装连接应牢固可靠。

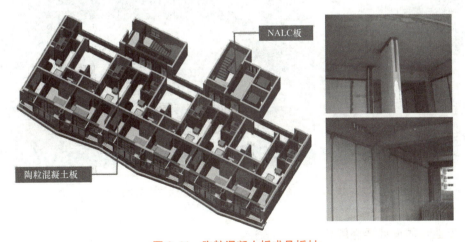

图 2.11 陶粒混凝土板成品板材

预制装配式建筑的楼盖宜采用叠合楼板，结构转换层、平面复杂或开间较大的楼层、作为上部结构嵌固部位的地下室楼层宜采用现浇楼盖。楼板与楼板、楼板与墙体间的接缝应保证结构整体性。叠合楼板应考虑设备管线、吊顶、灯具安装点位的预留、预埋，满足设备专业要求。空调室外机搁板宜与预制阳台组合设置。阳台应确定栏杆留洞、预埋线盒、立管留洞、地漏等的准确位置。预制楼梯应确定扶手栏杆的留洞及预埋,楼梯踏面的防滑构造应在工厂预制时一次成型,且采取成品保护措施。

5. 构造节点设计要点解析

装配式建筑只是一种结构的建造方式,它的规范和标准,依然建立在国家的设计规范和标准之上,等同于现浇结构。由于建造方式与现浇建筑不同,所以在构造节点设计上有所不同。

预制构件连接节点的构造设计是装配式混凝土剪力墙结构住宅的设计关键。预制外墙板的接缝、门窗洞口等防水薄弱部位的构造节点与材料选用应满足建筑的物理性能、力学性能、耐久性能及装饰性能的要求。各类接缝应根据工程实际情况和所在气候区等,合理进行节点设计,满足防水及节能要求。预制外墙板垂直缝宜采用材料防水和构造防水相结合的做法,可采用槽口缝或平口缝;预制外墙板水平缝采用构造防水时宜采用企口缝或高低缝。接缝宽度应考虑热胀冷缩及风荷载、地震作用等外界环境的影响。外墙板连接节点的密封胶应具有与混凝土的相容性以及规定的抗剪切和伸缩变形能力,还应具有防霉、防水、防火、耐候性等材料性能。对于预制外墙板上的门窗安装应确保其连接的安全性、可靠性及密闭性。

装配式混凝土剪力墙结构住宅的外围护结构热工计算应符合国家建筑节能设计标准的相关要求,当采用预制夹心外墙板时,其保温层宜连续,保温层厚度应满足项目所在地区建筑围护结构节能设计要求。保温材料宜采用轻质高效的,安装时保温材料含水率应符合现行国家相关标准的规定。如图2.12所示,外围护结构(外山墙)全部采用预制装配式三合一夹心保温剪力墙的做法,即将结构的剪力墙、保温板、混凝土模板预制在一起。在保证结构安全性的同时,也兼顾了建筑的保温节能要求和建筑立面艺术效果。

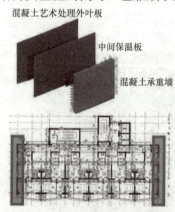

图 2.12 预制装配式三合一夹心保温剪力墙

6. 专业协同设计要点解析

(1)结构专业协同。预制装配式建筑体型、平面布置及构造应符合抗震设计的原则和要求。为满足工业化建造的要求,预制构件设计应遵循受力合理、连接简单、施工方便、少规格、多组合的原则,选择适宜的预制构件尺寸和质量,方便加工运输,提高工程质量,控制建设成本。建筑承重墙、柱等竖向构件宜上下连续,门窗洞口宜上下对齐,成列布置,不宜采用转角窗。门窗洞口的平面位置和尺寸应满足结构受力及预制构件设计要求。

（2）给水排水专业协同。预制装配式建筑应考虑公共空间竖向管井位置、尺寸及共用的可能性，将其设于易于检修的部位。竖向管线的设置宜相对集中，水平管线的排布应减少交叉。穿预制构件的管线应预留或预埋套管，穿预制楼板的管道应预留洞，管井及吊顶内的设备管线安装应牢固可靠，应设置方便更换、维修的检修门（孔）等措施。住宅套内宜优先采用同层排水，同层排水的房间应有可靠的防水构造措施。采用整体卫浴、整体厨房时，应与厂家配合土建预留净尺寸及设备管道接口的位置及要求。太阳能热水系统集热器、储水罐等的安装应与建筑一体化设计，结构主体做好预留预埋。

（3）暖通专业协同。供暖系统的主立管及分户控制阀门等部件应设置在公共空间竖向管井内，户内供暖管线宜设置为独立环路。采用低温热水地面辐射供暖系统时，分、集水器宜配合建筑地面垫层的做法设置在便于维修管理的部位。采用散热器供暖系统时，合理布置散热器位置、采暖管线的走向。采用分体式空调机时，满足卧室、起居室预留空调设施的安装位置和预留预埋条件。当采用集中新风系统时，应确定设备及风道的位置和走向。住宅厨房及卫生间应确定排气道的位置及尺寸。

（4）电气、电信专业协同。确定分户配电箱位置，分户墙两侧暗装电气设备不应连通设置。预制构件设计应考虑内装要求，确定插座、灯具位置以及网络接口、电话接口、有线电视接口等位置。确定线路设置位置与垫层、墙体以及分段连接的配置，在预制墙体内、叠合板内暗敷设时，应采用线管保护。在预制墙体上设置的电气开关、插座、接线盒、连接管线等均应进行预留预埋。在预制外墙板、内墙板的门窗过梁及锚固区内不应埋设设备管线。

7. 装配式内装修设计要点解析

预制装配式建筑的装配式内装修设计应遵循建筑、装修、部品一体化的设计原则，部品体系应满足国家相应标准要求，达到安全、经济、节能、环保各项标准的要求，部品体系应实现集成化的成套供应。部品和构件宜通过优化参数、公差配合和接口技术等措施，提高部品和构件的互换性和通用性。装配式内装设计应综合考虑不同材料、设备、设施的不同使用年限，装修部品应具有可变性和适应性，便于施工安装、使用维护和维修改造（图2.13）。装配式内装的材料、设备在与预制构件连接时宜采用SI住宅体系的支撑体与填充体分离技术进行设计；当条件不具备时宜采用预留预埋的安装方式，不应剔凿预制构件及其现浇节点，影响主体结构的安全性。

图2.13 装配式内装修系统——装修与建筑、结构、机电一体化同步设计

2.3 装配式建筑的标准化和模块化设计

2.3.1 模数和模块化在装配式建筑设计中的应用

模数是工业化生产的基础，能达到优化尺寸系列化和通用化的目标，还有一个关键点是协调建筑要素之间的相互关系。许多人对于模数的理解就是从砖混建筑3M开始的，按照3的倍数满足要求的三模，从开间、进深、层高去控制。随着对装配式建筑的研究，发现模数不仅限于开间进深，也深入构件，包括内装部品。内装部品与主体建筑的关系，是一个系列的模数协调关系。以罗马建筑为例，罗马的建筑材料很简单，用天然的混凝土把砖、石砌筑起来，形成砌体结构。整个罗马的砌体结构经过几千年的发展，体系非常完整，比如用方石控制建筑外形，实现模数协调，方石用完后，往往建筑内部会出现一些非模数化区域，即模数控制不了的情况，再用乱石砌筑，就形成现在所说的模数中断区，最后完成建筑物整体立面很完整的形式，这就是石与砖的模数关系，所以，模数是装配式建筑中很值得研究的课题。无独有偶，当年的罗马由作坊切磨石材，现场装配，其实也是工厂化的一种模式，只是现在机械化的程度更高。

模数在装配式建筑中是非常重要的。关于模数的优化，可用两个案例进行说明：一个是建筑和结构两专业通过共同优化现浇节点，仅用3种模具就对全部节点进行了多样化的处理，实现了现浇节点的标准化。再一个是在工厂预埋电盒，一开始经常出现与钢筋的碰撞（图2.14），现场调整十分不便，既耽误时间也容易出错。后来采用钢筋模数化、线盒点位模数化，两个模数做好错位，就完全避免了两者的碰撞。当时仅仅是为了解决某个具体的工程问题，现在是对整体的一个全面系统化的考虑。

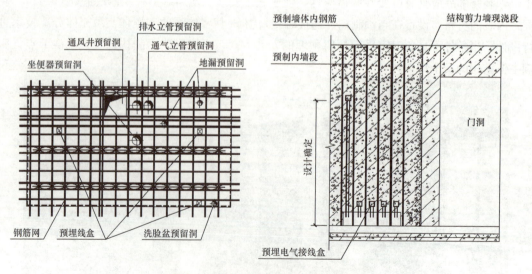

图 2.14 通过模数协调避免交叉碰撞

模块在整个系统中是一个重要的方面，建筑师对模块的理解往往是功能模块，但是不要局限在研究功能模块，而要研究功能模块的尺寸。比如一个20 m² 的空间，如果是2 m×10 m 就是一个走廊，如果是4 m×5 m 就是一个房间。所以建筑师研究功能模块，更多的是研究它所形成的空间。这个空间就是满足多种使用功能需求的几何尺寸空间，它和人的使用有很大关系。这个空间的高效性，就是"可持续住宅"的一个核心。如果没有高效性，比如3 m×10 m 的空间也不能有太多的变化。图2.15 所示为预制模块化房屋安装。

图2.15　预制模块化房屋安装

无论出于何种目标，研究空间是开放式建筑、建筑工业化的核心内容。通过空间多样化，实现组合多样化，然后实现立面多样化。以北京标准化模块的多样化组合为例，在对40 m² 公租房进行研究时，提出5.4 m×5.4 m 的空间概念。5.4 m 会出现更多可能性，5.4 m 就是两个2.7 m，对普通住宅来说就可以保证有两个朝向开窗的房间，在公租房中空间设计远优于4.8 m 开间的空间，能实现明居室，不再是仅有一个外窗、起居室都是黑暗的房间。由于采用了高效空间的设计，40 m² 的一居室实现了一室一厅，50 m² 就可以实现两室一厅，60 m² 就可以实现三室一厅。可以据此提出"实惠设计"，就是从建筑学的初心，去研究建筑的尺寸空间，来达到设计目的，实现空间优化。这种高效的标准化模块空间，可以组合成单元式住宅，也可以组合成外廊式住宅。

在实践中，中国建筑设计标准院做的保障性住房国家建筑标准图集有所体现。对模数组合、模块组合、单元组合、部品组合、构件组合，各种不同的组合来实现立面多样化和空间多样化。图2.16 所示是一个构件划分的过程，图中白色部分都是标准化的，外立面可以实现多样化处理。一个好的建筑空间，便因此可以适应多种需求。所以，在设计中要重点研究模数和空间尺寸的关系，努力实现标准化设计，多样化呈现这一目标。我们研究模数和模块要通过系统集成的方法，使所有的部品、构件形成装配式建筑，真正实现"像造汽车一样造房子"。

2.3.2　装配式建筑标准化与多样化设计

乐高积木给了我们一些启示，大量的标准件和少量的非标准件，组合形成丰富多彩的乐高建筑。同理，装配式建筑的设计，并非传统意义上的标准设计和千篇一律，而是尊重个性化、多样化和可变性的标准化设计（图2.17）。

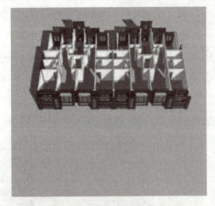 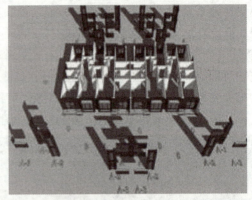
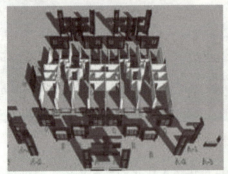 

图 2.16 装配式建筑的模块化空间

图 2.17 装配式建筑的多样性与可变性

标准化与多样化是装配式建筑固有的一对矛盾,彼此依存而又互相对立。建筑设计多样化并不等于自由化,在个性化的中间存在着不可缺少的标准化,是要求设计标准化与多样化相结合,部品、部件设计在标准化的基础上做到系列化、通用化。这对矛盾解决得好坏,是评价装配式建筑的重要因素,也是装配式建筑技术体系中的重要方面。要实现这一目标,就需要从顶层设计开始,针对不同建筑类型和部品、部件的特点,结合建筑功能需求,从设计、制造、安装、维护等方面入手,划分标准化模块,进行部品、部件以及结构、外围护、内装和设备管线的模数协调及接口标准化研究,建立标准化技术体系,实现部品、部件和接口的模数化、标准化,使设计、生产、施工、验收全部纳入尺寸协调的范畴,形成装配式建筑的通用建筑体系。在这个基础上,建筑设计通过将标准化模块进行组合和集成,形成多种形式和效果,达到多样化的目的(图 2.18 和图 2.19)。因此,装配式建筑的标准化设计不等于单一化的标准设计，标准化是方法和过程，多样化是结果，是在固有标准系统内的灵活多变。

创业工作室模式一
面积48.9 m³

创业工作室模式二
面积97.8 m³

创业工作室模式三
居住与工作合一模式
居住48.9 m³+工作48.9 m³

图 2.18　装配式建筑平面的多样化组合

图 2.19　装配式建筑的立面多样化组合

2.3.3 装配式建筑部品部件标准化和模块化设计

建筑部品、部件是具有相对独立功能的建筑产品，是由建筑材料、单项产品构成的部品、部件的总称，是构成成套技术和建筑体系的基础。部品集成是一个由多个小部品集成为单个大部品的过程，大部品可通过小部品不同的排列组合增加自身的自由度和多样性。部品的集成化不仅可以实现标准化和多样化的统一，也可以带动住宅建设技术的集成。

建筑部品是直接构成装配式建筑成品的基本组成部分，建筑部品的主要特征首先体现在标准化、系列化、规模化生产，并向通用化方向发展；其次，建筑部品通过材料制品、施工机具、技术文件配套，形成成套技术。

建筑部品化是建筑建造的一个非常重要的发展趋势，是建筑产品标准化生产的成熟阶段。今后的建筑建设会改变以前以现场为中心进行加工生产的局面，逐步采用大量工业化生产的标准化部品进行现场组装作业。如经过整体设计、配套生产、组装完善的整体厨卫产品、在工厂里加工制作完成的门窗等。

1. 楼板设计

装配式剪力墙建筑楼板宜采用规整统一的预制楼板，预制楼板宜做到标准化、模数化，尽量减少板型，降低造价。大尺寸的楼板能节省工时，提高效率，但要考虑运输、吊装和实际结构条件。需要降板的房间（如厨房、卫生间等）的位置及降板范围，应结合结构的板跨、设备管线等因素进行设计，并为使用空间的自由分割留有余地。连接节点的构造设计应分别满足结构、热工、防水、防火、保温、隔热、隔声及建筑造型设计等要求。预制楼板一般分为空心楼板、叠合楼板等形式。图2.20所示为预制混凝土叠合楼板的吊装施工与二次浇灌。

图2.20 预制混凝土叠合楼板的吊装施工与二次浇灌

2. 内隔断

（1）轻质条板内隔墙。轻质条板内隔墙常见的形式有玻璃增强水泥条板、纤维增强石膏板条板、轻集料混凝土条板、硅镁加气水泥条板和粉煤灰泡沫水泥条板五种。条板内隔墙适用于上下墙有结构梁板支撑的内隔墙，结构体（梁、板、柱、墙）之间应采用镀锌钢板卡固定，连接缝之间采用各种类型条板配套的胶粘剂填塞。

（2）轻钢龙骨内隔墙。轻钢龙骨板材隔墙是装配式住宅建筑常用的内隔墙系统之一。轻钢龙骨板材隔墙是以轻钢龙骨为骨架，管线宜隐藏于龙骨中空腔，内填岩棉的隔墙体系。轻钢龙骨板材隔墙应满足非承重墙在构造和固定方面的设计要求，轻钢龙骨、纸面石膏板的外观质量应满足国家相关规范的要求。

3. 楼梯

清水混凝土预制楼梯，特别能体现出工厂化预制便捷、高效、优质、节约的特点。楼梯有两跑楼梯和单跑剪刀楼梯等不同的形式，可采用的预制构件包括梯板、梯梁、平台板和防火分隔板等。预制平台应符合叠合楼盖的设计要求，预制楼梯宜采用清水混凝土饰面，应采取措施加强成品的饰面保护。预制楼梯构件应考虑楼梯梯段板的吊装、运输的临时结构支点，同时应考虑楼梯安装完成后的安装扶手所需要的预埋件。楼梯踏步的防滑条、梯段下部的滴水线等细部构造应在工厂预制时一次成型，节约工人、材料和便于后期维护，节能增效。图2.21所示为清水混凝土预制楼梯的制作与吊装。

图2.21　清水混凝土预制楼梯的制作与吊装

4. 阳台、空调板、雨篷

阳台、空调板、雨篷等突出外墙的装饰和功能构件作为室内外过渡的桥梁，是住宅、旅馆等建筑中不可忽视的一部分。传统阳台结构，大部分为挑梁式、挑板式现浇钢筋混凝土结构，现场施工量较大，施工工期较长。装配式建筑中的阳台、空调板、雨篷等构件在工厂进行预制，作为系统集成以及技术配套整体部件，运至施工现场进行组装，施工迅速，可大大提高生产效率，保证工程质量。此外，预制阳台、空调板、雨篷等表面效果可以和模具表面一样平整或者有凹凸的肌理效果，且地面坡度和排水沟也在工厂预制完成。

5. 整体厨房、整体卫生间

（1）整体厨房。整体厨房是装配式住宅建筑内装部品中工业化技术的核心部品，应满足工业化生产及安装要求，与建筑结构一体化设计、同步施工。这些模块化的部品，整体制作和加工全部实现工厂化，在工厂加工完成后运至现场可以用模块化的方式拼装完成，便于集成化建造。住宅厨房上下宜相邻布置，便于集中设置竖向管线、竖向通风道或机械通风装置，厨房应考虑和主体建筑的构造做法、机电管线接口的标准化。图2.22所示为集成式整体厨房。

图 2.22　集成式整体厨房

(2)整体卫生间。住宅卫生间平面功能分区宜合理,符合建筑模数要求。住宅卫生间上下宜相邻布置,便于集中设置竖向管线、竖向通风道或机械通风装置。同层排水管线、通风管线和电气管线的连接,均应在设计预留的空间内安装完成。整体卫浴地面完成高度应低于套内地面完成高度。整体卫浴应在给水排水、电气等系统预留的接口连接处设置检修口。

对于公共建筑的卫生间,宜采用模块化、标准化的整体卫生间。卫生间(包括公共卫生间和住宅卫生间)通过架设架空地板或设置局部降板,将户内的排水横管和排水支管敷设于住户自有空间内,实现同层排水和干式架空,以避免传统集合式住宅排水管线穿越楼板造成的房屋产权分界不明晰、噪声干扰、渗漏隐患、空间局限等问题。

2.4　装配式建筑设计技术案例

2.4.1　深圳裕璟幸福家园工程概况

裕璟幸福家园工程是深圳的第一个预制率50%、装配率70%的项目,是华南地区预制率最高的项目,是深圳市第一个装配式建筑采用EPC工程总承包模式项目。中建科技承担EPC工程总承包,建筑高为100 m,共33层。本项目为住建部科技与产业化促进中心、深圳市住建局牵头、应用《深圳市保障性住房标准化设计图集》的首个落地项目,是深圳市住建局和建筑工务署推出的第一个EPC总承包的装配式保障性住房试点项目,由住宅工程管理站实施管理。该项目有两个标准楼型,内廊式的标准楼型和塔式一梯6户的楼型。这个项目在1号楼和2号楼的4层以下、3号楼的5层以下是现浇,严格按照标准中底部加强区的要求做;1号楼和2号楼的中部5~30层、3号楼的中部6~32层分别是标准层,采用装配式;顶部都采用了现浇,如图2.23所示。

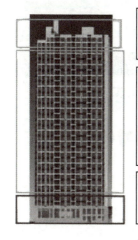

图2.23 裕璟幸福家园工程概况

2.4.2 装配式设计要点

1. 设计优化

在装配式建筑EPC总承包"两个一体化"的践行和探索中,中建科技坚定践行两个一体化的思路,即"设计、加工、装配"一体化和"建筑、结构、机电、内装"一体化。设计优化将北京装配式剪力墙结构的经验和深圳地方特点相结合,采用了适宜的构造措施和做法。BIM方面,建立了"企业云"实现了"全员、全专业、全过程"的"三全"BIM应用;质量保证方面,主要是设计监理制度+灌浆套筒安装精度保障措施+灌浆密实度保障措施等;科技进步方面,已经成为深圳市建设工程质量安全智能监管云平台首批试点项目;该项目列入国家"十三五"重点研发计划示范项目。

2. 一体化的BIM应用

项目采用了"全员、全专业、全过程"的"三全"BIM应用。中建科技在深圳建立了企业云——装配式建筑协同平台,制定企业标准《装配式建筑企业BIM协同规则》,对设计资源标准、设计行为标准、设计交付标准做出约定。整个设计院的全团队都在这个平台上工作。所有项目都在平台和服务器上,在一个模型上进行设计。完成的成果里面不仅有结构,也有建筑、内装、洁具,甚至包括厨房卫生间、轻钢龙骨、吊顶等,完整地按照这个模型实现。第一,全员BIM,不只是三维画图,而是全员共用共享;第二,全专业BIM,所有专业都要在同一模型,一体设计;第三,全过程BIM,设计加工装配都要做到一体化的管理,是EPC管理的核心,如图2.24所示。

这个模型,可以解读一个标准层的全部构件,从叠合梁、预制外墙板、预制内墙板、叠合楼板到具体现浇节点,都实现BIM化、数据化。建筑专业对所有构件尺寸进行控制,结构专业有所有构件配筋,有钢筋则直接自动生成钢筋用料清单,就可以在工厂进行数控加工(图2.25)。

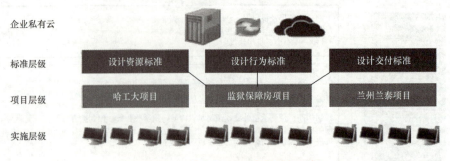

图 2.24 一体化的 BIM 应用层级示例

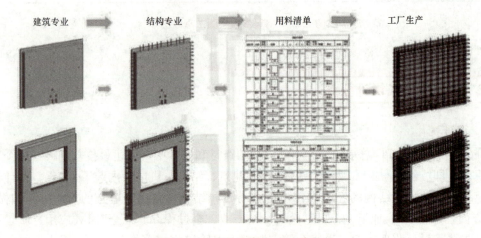

图 2.25 构件生产的 BIM 应用

本章小结

　　装配式建筑设计的五大特征是流程精细化、设计模数化、配合一体化、成本精准化和技术信息化。装配式建筑设计原则是少规格、多组合、建筑模数协调和集成化设计。装配式建筑的设计要点是必须符合国家政策、法规的要求及相关地方标准的规定，应符合建筑的使用功能和性能要求，体现以人为本、可持续发展、节能、节地、节材、节水、环境保护的指导思想；适合装配式建筑本质的设计标准化、生产工业化特征；进行前期的方案策划、经济性及可建造性分析。确定项目的结构选型、维护结构选型、集成技术配置等，并确定项目装配式建造目标。

复习思考题

2.1 装配式建筑设计不同于传统现浇建筑设计的几个特征是什么?
2.2 装配式建筑的"两提两减"具体指的是什么?
2.3 装配式建筑设计的原则有哪些?
2.4 装配式建筑设计的要点有哪些?
2.5 简述如何协调装配式建筑设计的标准化和多样化。
2.6 举例说明装配式建筑的模块化设计。
2.7 简述装配式建筑部品、部件的标准化和模块化设计。

第 3 章　装配式建筑平面设计

> **本章要点**
>
> 熟悉装配式建筑平面设计的原则以及设计要点,掌握装配式建筑平面设计的方法。并通过实际案例的解析,加深对装配式建筑平面设计的理解与应用。

装配式建筑平面设计在满足平面功能的基础上,考虑有利于装配式建筑建造的要求,遵循"少规格、多组合"的原则。建筑平面应进行标准化、模块化设计,建立标准化部件模块、功能模块与空间模块,实现模块多组合应用,提高基本模块、构件和部品重复使用率,有效提升建筑品质、提高建造效率及控制建设成本。

3.1　装配式建筑平面设计原则

装配式建筑在建造的程序上,分为工厂生产和现场组装两部分。其在建设体系上采用模块化的方法,协调建筑模数体系与标准化部品体系两个层面的问题,确保产业化设计的高度发展。在设计上,装配式建筑具有标准化、模数化、模块化和体系化等几项原则。

3.1.1　标准化设计原则

标准化设计是指在重复性、统一性的基础上,对事物与概念制定和实施某种秩序规则,使设计具有一致性。国际标准化组织对标准化的定义为:针对现实的或潜在的问题,为制定供有关各方共同重复使用的规定所进行的活动。在装配式住宅设计标准化,强调重复性、秩序性的设计的基础上,装配式住宅将功能放在首位,兼顾住户的个性化生活需要,以精准、舒适为套型设计的目的。将标新立异、与众不同的个性化表现归纳为对住房功能、舒适最大化诉求的共性回馈。关注使用者需求是设计创作的原点,在一定标准下为用户研究房子而非无限发挥个人想象。对住宅功能空间合理化、自由化的实现起到促进作用。相较于传统住宅,装配式住宅设计的标准化,还体现对构件生产的工厂化及施工的装配化的关注。通过住宅平面轴线尺寸统一与户型标准化的设计,优化构件的类型,使装配式住宅更加经济、施工效率更高,为标准构件的系列化、部品选择的多样化提供可能,使装配式住宅的通用性和互换性更强。图 3.1 所示为装配式居住建筑的标准化平面单元构成。

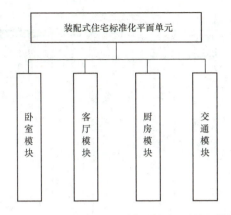

图 3.1　装配式居住建筑的标准化平面单元构成

3.1.2　模数化原则

在高层住宅装配化过程中，无论是套型平面设计还是施工技术要求，都需要模数介入。标准化设计也需要部品构件通过模数化的工业手段来协调。模数化的关系，使各模块及构件间具有特定的联系，使之规范并自由组合，扩大了组件通用性和互换性的可能，使装配式住宅外立面视觉效果达到通用、多样的组合形式，从而节约模板的数量和种类。我国通过制定《建筑模数协调标准》(GB/T 50002—2013)规范了基本数值，以 100 mm 为标准规定的基本模数，符号表示为 M。在装配式住宅或装配式住宅的局部尺寸中，它的应用具有简化构件和比例控制两方面的作用，以基本模数的整数或分数形成参数序列，构成模数体系。图 3.2 所示为典型二居室中的模数尺寸及二级模数网格，图 3.3 所示为运用二级模数网格对厨卫部品进行深化设计。

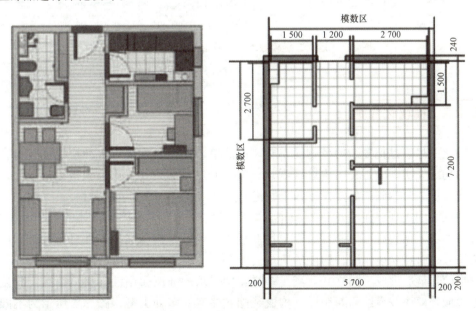

图 3.2　典型二居室中的模数尺寸及二级模数网格

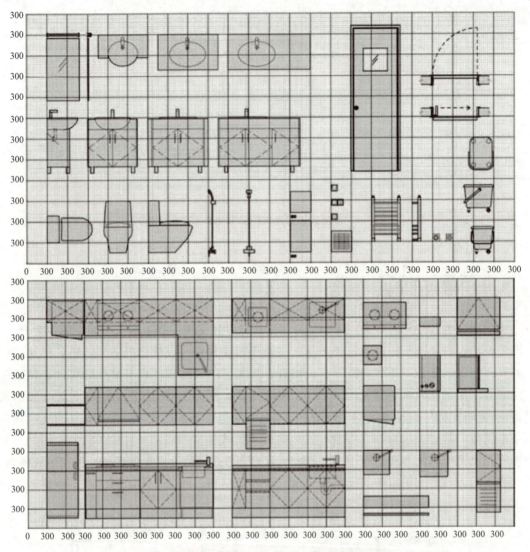

图 3.3　运用二级模数网格对厨卫部品进行深化设计

3.1.3　模块化原则

模块化的思想是把复杂的事物简单化。以简单、直观的方式对各种模块进行组合并形成相应的功能。实现的过程需由系统观点出发，通过对部品分解重组获得最佳效果，形成最佳的构成形式，达到产品多样化和个性化的需要，这是一个持续的过程。

表现在装配式高层住宅设计领域中，"模块"是构成装配式住宅整体的一个基本单元，且这种基本单元须具有可更新性、重复性和通用性，可根据功能、属性进行分类，如建筑的规格尺寸、材料功能作用、构件的质量性能等。不同的模块也可经合理的组合形成新的"组合单元"，最后形成不同样式，满足多样化的需求。强调通用性和接口衔接，以接口连接的形式加强模块兼容性和通用性，构成装配式住宅的多种类型。图 3.4 所示为不同的标准化构件所组合形成的建筑模块。

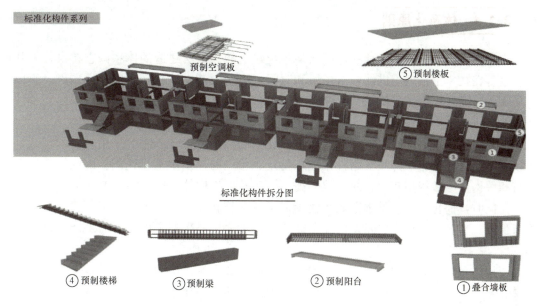

图 3.4 不同的标准化构件所组合形成的建筑模块

模块化设计的基本内容包括模块的划分和组合，以少量模块多样组合为基本原则，实现住宅产品的标准化设计和多样化生产。其应用结果是可以产生多种功能空间或一系列相同功能、不同性能的组合。强化特定的功能单元、通用性和可构成性进行空间的组合而构成新的单元，在设计概念上模块化设计能够使产品系列化，形成规律化的空间特征排布。这有利于设计作品在后期的演化阶段进行二次系列化的开发设计；标准化构件，可以促进部品的高效生产；通过分解组合的方式简化复杂的产品，是把研究的精力投入模块或产品的创新上，缩短研究和生产周期，对比传统住宅自下而上，优先各个零部件进行设计再组装成产品设计的方法。

综上所述，模块化设计以自上而下的方式，优先产品的整体设计，再细分成单元模块进行产品建设。模块化的方法具有模块可替换性，市场应变力、竞争力强等优点。它以工业化为基础，但不同于工业化从产品的角度考虑部品生产的快捷性和标准化，而是从住宅设计的角度来考虑建筑的快捷性和多样化。图 3.5 所示为住宅模块化的拼接。

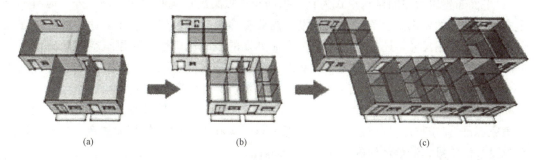

图 3.5 住宅模块化的拼接
(a)标准户型模块拼接；(b)内部隔墙区分不同户型；(c)各户型相互结合形成整体单元

3.1.4 体系化原则

专用体系是只能适用于某一地区、某一类建筑的构件所建造的体系,它在设计上强调专用性、在技术上强调先进性,对场所和时间也有所限制,缺少互换性和通用性。它以建筑定型为特征,在生产、施工、运输以及组织管理等方面能够自成一体,有一套完整的生产链条。

体系化应用于装配式住宅,要求从单体住宅的标准化设计入手,采用定制的模式,在市场上不会公开销售,部品及附件只能在特定、单一的体系中重复使用。因此,专用体系具有相关构件参数规格较少、使用效率高、生产及加工构件快速影响下的建造速度快的优点。但同时,简化构件种类难以满足使用需求的多样化,流通性弱,市场不稳定,建造量没有保障。在各专用体系之间,构件不能够互换和通用,影响了构件厂的生产及设备的利用率。

通用体系相较于专用体系而言,构件的流通性和市场适应力强,它是基于构配件的通用性、系列配套、成批生产,进行多样化房屋组合的一种体系。通用体系设计易于实现多样化,且构配件的使用量大,便于组织专业化大批量生产。它以构件定型为特征,构配件的规格总数增多,有效地弥补了专用体系的局限性,将构件和连接技术进行标准化、通用化的基础上,把由一个构件厂生产的构件用于统一建筑之中实现互换。设计人员、生产人员及施工人员可以由通用产品目录根据设计要点选择构件从而组合房屋单体,这样的做法可做到既满足标准化又满足多样化的需求。

3.2 装配式建筑平面设计要点

建筑设计非常重要的一个环节为平面设计,与传统建筑不同,装配式建筑在做平面设计时,需要注意如下设计要点:

(1)总平面设计需满足规范。装配式建筑的总平面设计应在符合城市总体规划要求,满足国家规范及建设标准要求的同时,配合现场施工方案,充分考虑构件的运输通道、吊装及预制构件的临时堆场的设置。

(2)平面布置以大空间结构形式为宜。平面布置除满足建筑使用功能需求外,应有利于装配式建筑建造的要求。装配式建筑的设计需要整体设计的思想。平面设计不仅应考虑建筑各功能空间使用尺寸,还应考虑建筑全寿命周期的空间适应性,让建筑空间适应使用者不同时期的不同需要,大空间结构形式有助于实现这一目标。同时,大空间的设计有利于减少预制构件的数量和种类,提高生产和施工效率,减少人工,节约造价。

(3)平面形状以规则、均匀为宜。装配式建筑的平面形状、体型及其构件的布置应符合现行国家标准《建筑抗震设计规范(2016年版)》(GB 50011—2010)的相关规定,并符合国家工程建设节能减排、绿色环保的要求。

建筑设计的平面形状应保证结构的安全并满足抗震设计的要求。装配式建筑的平面形状及竖向构件布置要求,应严于现浇混凝土结构的建筑。平面设计的规则性有利于结构的安全性，符合《建筑抗震设计规范(2016年版)》(GB 50011—2010)的要求。不规则程度越高，对结构材料的消耗量越大，性能要求越高，不利于节材。在建筑设计中要从结构和经济性的角度优化设计方案，尽量减少平面的凸凹变化，避免不必要的不规则平面并均匀布局。

(4) 采用标准化、模数化、系列化的设计方法。平面设计应采用标准化、模数化、系列化的设计方法，应遵循《装配式混凝土结构技术规程》(JGJ 1—2014)"少规格、多组合"的原则，预制构件和建筑部品的重复使用率是项目标准化程度的重要指标，根据对工程项目的初步调查，在同一项目中对复杂或规格较多的构件，同一类型的构件一般控制在三个规格左右并占总数量的较大比重，可控制并体现标准化程度。对于简单的构件，用一个规格构件数量控制。

公共建筑的基本单元主要是指标准的结构空间；居住建筑则是以套型为基本单元进行设计，套型单元的设计通常采用模块化组合的方式。建筑的基本单元、构件、部品重复使用率高、规格少、组合多的要求也决定了装配式建筑必须采用标准化、模数化、系列化的设计方法。下面分别以住宅的基本户型模块设计、核心筒模块设计和户型模块组合设计为例进行解析。

1) 基本户型模块设计：装配式住宅建筑的平面设计应以基本户型为整体，以各种功能为模块进行组合设计。这种平面布局方式充分利用建筑平面功能模块化的设计特点，将装配式住宅主要功能划分为主体居住部分的玄关及客厅模块、居室模块等，以及辅助部分的厨房模块、卫浴模块、阳台模块等，利用优化后的户型模块进行多样化平面组合，最终形成标准居住模块。图3.6所示为装配式住宅平面各功能模块组合成的标准居住模块。

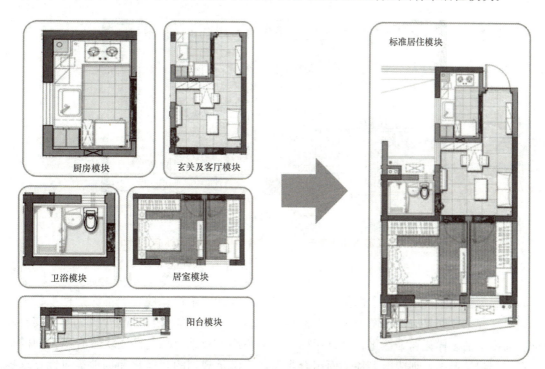

图3.6 装配式住宅平面各功能模块组合成的标准居住模块

2)核心筒模块设计:装配式住宅建筑的核心筒模块负责主要交通、集中疏散、管井集成等基本功能,主要由楼梯间、(消防)电梯井、合用前室、公共走道、候梯厅、设备管道井(一般包括水管井、强电井、弱电井、空调管井等)、加压送风井等功能组成,在高层办公等公共建筑类型中有时还结合标准层卫生间一起布置。装配式住宅建筑的核心筒模块设计应满足《民用建筑设计统一标准》(GB 50352—2019)、《住宅设计规范》(GB 50096—2011)、《建筑设计防火规范(2018年版)》(GB 50016—2014)等国家及行业内相关规范标准的要求,并进一步根据使用需求进行标准化和模块化设计。在江苏省南通市政务中心综合楼核心筒的设计中,设计者即采用了标准化和模块化的设计策略,紧凑而高效地组织了楼电梯交通、疏散空间、管网井道、公共卫厕等基础功能(图3.7)。

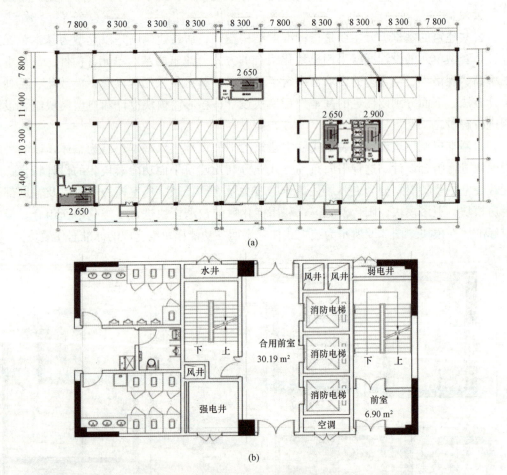

图3.7　江苏省南通市政务中心综合楼核心筒中的标准化设计
(a)建筑标准层平面图;(b)交通核平面图

3)户型模块组合设计:个性化和多样化是建筑设计的永恒命题,但不能把标准化和多样化对立起来,而是应该协调统一。当标准化和多样化之间能够巧妙配合时,即可实现标准化前提下的多样化和个性化。可以用标准化的户型模块结合核心筒模块组合出不同的平面形式和建筑形态,创造出多种平面组合类型,为满足规划的多样化和场地适应性要求提供优化的设计方案。

以小户型的模块组合设计为例说明。"单身公寓/二人世界"户型是当前房地产市场上较为常见的类型。"单身公寓/二人世界"户型一般建筑面积控制为 40~60 m²，容纳 1~2 人，可满足独身者、单身白领、年轻情侣、夫妻二人、老两口等家庭类型的居住需要。这种户型充分考虑了居住者人数较少，仅需一个卧室即可满足居住的现实诉求，并呈现出递进式的空间特征。从进入户门开始，依次经过入户玄关、厨房（含生活阳台）、客厅、卫生间，最后进入卧室，以及与其连接的独立阳台空间。

将以上这种小户型称为"原型"，对户型模块内空间局部进行更新组合设计，即可形成新的户型，可称为"进化型"。所谓"进化型"，是在装配式建筑标准化设计的基础上，适度利用其可变特征，对"原型"的部分隔墙进行局部调整，即可从一室一厅的"单身公寓/二人世界"户型形成二室一厅的"三口之家"新户型。首先，整体空间的承重墙的标准化不变；其次，保证了入户玄关、客厅、厨卫等尺寸和空间格局的标准化不变；再次，卧室部分的总尺寸及开间进深不变；最后，卧室被分隔为一大一小两个部分，基本能够满足三口之家的居住要求，实现了装配式住宅建筑户型模块中可变性与标准化的统一，如图 3.8 所示。

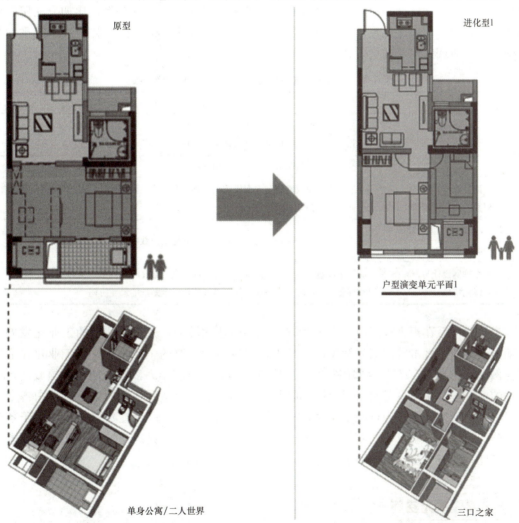

图 3.8 "二人世界"一室一厅可变为"三口之家"二室一厅

3.3　装配式建筑平面设计方法

下面以装配式住宅为例，阐述一下装配式建筑设计的方法。

3.3.1　数据协调

平面设计中的开间与进深尺寸应采用统一模数尺寸系列，并尽可能优化出利于组合的尺寸规格。

装配式建筑发展的基础，就是能为使用者提供标准化的服务，在这一环节中最重要的部分就是根据不同使用者的需求，定制出与之相适应的模数和协调原则。由于使用者的需求差异性，以及随着家庭结构的变化导致需求发生变化等，建筑模块应考虑功能布局多样性与模块之间的互换性和相容性。要注意在两种不同模块之间建立联系，比如，在房间的装修模块和线路模块之间建立一定的模数关系，达到协作生产的目的。装配式建筑平面集成设计尺寸协调通用原则见表3.1。

表 3.1　装配式建筑平面集成设计尺寸协调通用原则

应用类型	通用原则
主体结构	宜与建筑平面功能空间和室内装修进行尺寸协调
结构构件	宜与建筑部品、部件及建筑设备等进行尺寸协调
建筑、结构平面设计	应统一采用单线模数网格，并采用轴线定位法
平面模数与其他模数的协同设计	应采用平面模数网格与剖面模数网格所共同构筑而成的建筑模数空间网格作为集成设计的几何控制系统
设备及管线的平面设计	应采用界面定位法，并通过尺寸协调关联建筑模数网格
装饰装修的平面设计	
平面轴网设计与一体化集成设计	应制定模数化的建筑平面轴网，与剖面层高、净高等共同形成总体尺寸控制规则，以实现建筑、结构、设备及管线、装饰装修等全系统的尺寸协调

模数化体系在很大程度上加快了西方建筑的工业化转型，尤其以住宅的工业化发展最为明显，瑞典、日本等国家尤为突出。其中，瑞典借助深厚的工业基础，其工业化住宅建造比例已经达到了80%。这些国家在运用模数化体系的过程中，都在不同建造领域制定了相关的标准模数化体系(如户型设计、通用设计等领域)，以达到在后期施工过程中各个板块可以更好地协同工作的目的；同时，模块体系的标准化可以降低在建造过程中由于各建筑部分产品尺寸、质量、功能等方面的不契合所带来的浪费，提高建造效率和大规模建造的经济性，促进房屋从粗放型手工建造转化为集约型工业化装配。

3.3.2　单元空间

工业化建筑与常规现浇结构相比，最本质的区别在于预制构件的制作和准备，如何将建筑物主体结构分解为一系列既满足标准化，又满足多样化的预制构件，是研究人员和设计人员的首要任务和技术难题。目前，将建筑分解为所需构件的方法主要分为平面化拆分和单元化拆分两种。

（1）平面化拆分中的构件单位一般指的是建筑物的墙、楼板等，这些构件统一在工厂制作完成，有时候为了缩短现场组装建筑的时间周期，门窗、墙内的保温层，甚至墙面的装饰都会提前在工厂安装好。单元化拆分则是以建筑物的空间单元为构件的分解方法。空间单元指的是已在工厂安装成型的建筑房间，一般将空间单元在现场组合只需要数个小时的时间，组装好后再完善建筑内部的管线等问题即可。

（2）单元化拆分的方法与平面化拆分相比，在工厂制作和构件运输上效率稍低，同时对储备空间的需求比较高。但单元化拆分的优势在于可以将建筑商品化，给客户带来更直观的体验。

同时，为保证拆分的预制构件安装后与主体受力结构可靠连接，设计基本理念至关重要。目前，比较出名也被我国广大设计人员和研究学者熟知的有日本的SI住宅、KSI住宅、CHS百年住宅建设系统（图3.9）。

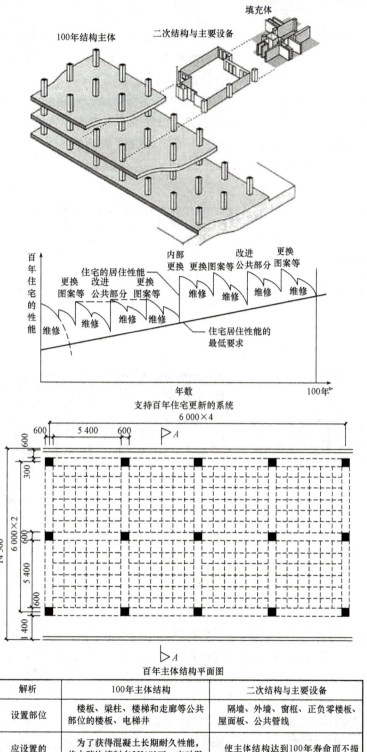

解析	100年主体结构	二次结构与主要设备
设置部位	楼板、梁柱、楼梯和走廊等公共部位的楼板、电梯井	隔墙、外墙、窗框、正负零楼板、屋面板、公共管线
应设置的主要部件	为了获得混凝土长期耐久性能，将水胶比控制在55%以下，应对混凝土长期中性化问题	使主体结构达到100年寿命而不损坏，并且可以维修更新的干式工法等

图3.9　日本CHS百年住宅解析

3.3.3 户型模块

户型模块的建立对于不同领域的设计师（建筑、结构和设备等）有着很重要的意义，他们可以根据各自的需求在模块库中选出对应的户型，提高设计效率。但如何避免各个单位在选择相应户型后与其他单位产生不匹配、不协调的情况，这就需要在建立户型模块的时候考虑各个方面的影响因素，如户型平面划分、建筑受力构件和设备管线的合理布局等，这也是户型模块设计中最复杂的工作环节。但建立精确的户型库可以解决模块化涉及的效率问题，缩短设计周期以及打好坚实的设计基础。如图 3.10 所示，对于不同的客户需求，标准户型可演变为不同的户型。

图 3.10 户型模块库模拟——基于标准户型平面的不同选择性

3.3.4 组合平面模块

模数协调和单元空间、户型模块的设计可理解为户型内设计，它是建筑后期搭建的一系列准备工作。建筑的最终形成要通过找寻各个单元之间的联系从而将它们拼接和整合起来，依据各个户型之间的联系将它们组成为一个建筑单体，这种联系就是户型与户型之间相互匹配的连接构件。户型间设计就是解决这样的连接构件——"接口"的相关问题。

"接口"的类型可以分为重合接口和连接接口两类。重合接口指的是不同户型之间连接部分的构件相同。连接接口则是户型之间连接的构件不同，还需要通过其他构件将其连接在一起。连接接口在剪力墙体系中的设备部分出现较多，而重合接口则在建筑和结构户型中运用较多。其中，在不同领域中重合接口所指代的建筑构件也不同，例如，在建筑领域重合接口一般指内墙、隔墙等，而结构户型中的重合接口一般指的是剪力墙、暗柱等。重合接口相互连接一般需要将重复的构件删掉一个。在删除的过程中需要了解的要点：当户型之间长短不一的构件发生重合时，一般是将短的构件删除，保留长的构件。

3.3.5 标准户型设计

建筑层是户型模块通过附属构件在水平方向形成的整体。标准层即是通过对不同户型间进行对比分析后，功能更加统一化和完整化的建筑层的表现形式。标准层设计是指将户型通过附属构件相互结合从而组建出建筑层的过程，其目的在于完善户型间的辅助功能部分，对建筑层内的建筑、结构和设备部分进行补充和完善（图 3.11）。

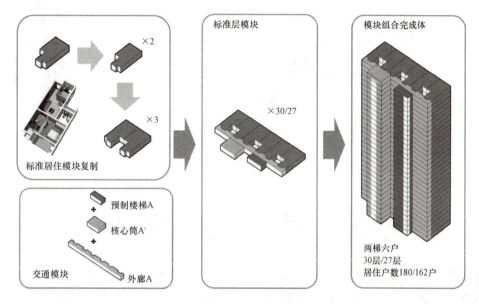

图 3.11 装配式住宅的标准层平面的构成

标准层的数量一般比建筑中其他类型楼层要多得多，所以标准层的设计完善与否会影响整体建筑的设计质量，而 BIM 技术为标准层设计带来的无碰撞模型的特点，能使建筑层在建筑整体中更好地发挥它的重要性和价值。建筑层除了户型之外，还包括楼梯间、电梯、走廊等实用性空间。虽然户型对使用者来说是最重要的活动空间，但其他空间的作用同样不可忽视，例如，设备部分的管线、水暖等，都是和走廊、水暖井等空间分不开的，它们都直接影响着使用者的居住体验，因此更完善地处理户型之外的空间，使它们与户型更好地融合，才能展示出更完整的标准层。

另一个比较重要的部分是结构板块设计。结构板块设计是为了解决建筑的受力问题，而通常的解决方法是采用对称结构构件的形式，给使用者稳定的心理暗示。因此，在运用 BIM 进行结构设计的过程中，可以通过直接将户型沿着轴线对称的方式生成整体。但要注意户型之间的接口问题，重合接口要进行删除，缺少连接接口要进行添加。

较为标准化、系统化的平面模块组合并不意味着建筑的表现形式会单一和乏味，可以在平面组合的基础上，通过不同的排列组合方式，运用不同材料、色彩的变化将立面模块组合的方式多样化，使建筑的外形、体量变得丰富不呆板，更好地和周围的环境相融。图 3.12 所示为装配式建筑的模块化组合。

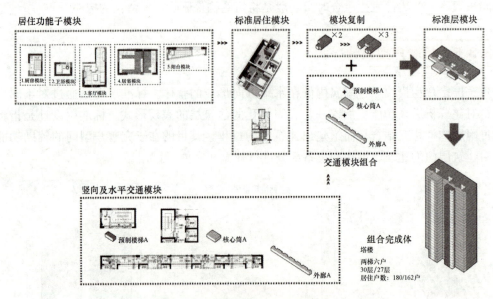

图 3.12 装配式建筑的模块化组合

3.4 装配式建筑平面设计案例

上海汇翠花园地处上海徐家汇漕溪北路 747 号地块，用地面积为 23 500 m²。基地周边环境优越，北邻上海电影制片厂，南面靠近 8 万人体育馆，东邻创世纪花园，西临漕溪北路，交通十分便利。此外，汇翠花园处在徐汇区商圈，周边城市生活设施也较为完善。

设计需要在相对有限的用地里，尽可能地节约空间并创造出良好的居住环境，因此汇翠花园以高层住宅为主，分别是 12 层、18 层、28 层。在其住宅平面设计中，应用了基本单元设计、单元组合设计、单体户型可变设计等方法，以更好地适应装配式建筑的建造方式和内在规律。图 3.13 所示为上海汇翠花园总平面图。

3.4.1 住宅基本单元设计

在以 SAR 支撑体为理论基础的上海汇翠花园的可变住宅设计中，户型具有较强的应变能力和包容性，具有较强的研究价值。

住宅的基本单元设计中，以具有可变性的基本单元体为基础，可称之为基本单元体 A。基本单元体 A 以 8 m 为基础模数，并由 6 个 8 m×8 m 的"方盒式居住空间"加上中央核心筒（含电梯间、疏散楼梯间、走廊、电气及暖通管线井道、通风管井等在内的交通部分）组成。

基本单元体 A 中，利用各个户型的一角集中设置厨房、卫生间功能模块，并进一步整体拼接在基本单元体的两侧，比较利于给水排水、天然气等管道的组织与设置。在厨卫功

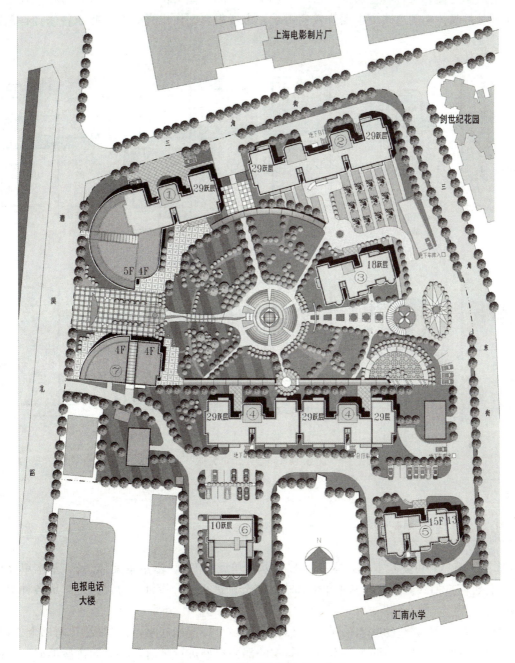

图 3.13　上海汇翠花园总平面图

能模块基本固定后,剩下的居住空间由无梁柱楼板结构体系提供支撑,因此起居室、客厅、餐厅、卧室等主要居住功能在内部空间上可以自由灵活地分割及组合。

除了内部空间的灵活性外,基本单元体 A 还具有较强的"整体灵活性",可依据实际需要分别"演变"成基本单元体 A1、基本单元体 A2、基本单元体 A3 等各种住宅整体空间形式。其中,基本单元体 A1 为普通标准层状态下的平面形态。基本单元体 A2 是复式可变体,即在户型平面中设置室内楼梯,形成跃层的居住平面形态。而基本单元体 A3 中,既包含了复式可变体，又含有普通标准层，表现出较强的户型灵活度。在实际设计中，住宅基本单元体的具体空间形式可根据开发商需求、市场需要、住户喜好等实际条件来选择制定（图3.14）。

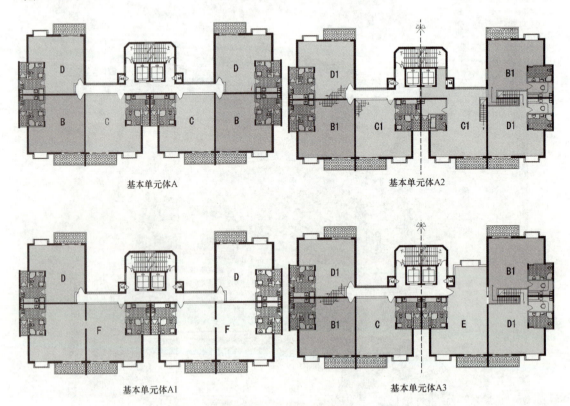

图3.14 可变基本单元体

3.4.2 住宅单元组合设计

3.4.1节提到可变基本单元体A可以有基本单元体A1、基本单元体A2、基本单元体A3等各种演变形式，将这些基本单元体进一步分别进行组合设计，可灵活地组成各种单元形式。

例如，将两个完整的基本单元A体（均为一梯六户）连接起来，便形成了"两梯十二户"的住宅单元组合。又可将两个基本单元体A的部分户型进行拆解，再共同拼接形成一个面宽较小的"两梯八户"住宅单元组合。依据这种规律，可以形成多种"X梯Y户"住宅单元组合模式（图3.15）。

综上所述，住宅单元组合设计中可以形成较大程度的灵活可变性，并且具有重要的意义。住宅单元组合设计的灵活性和可变性，使得各栋住宅可以因地制宜，充分适应居住区基地的地形地貌和主要特征。即住宅单元总面宽可长可短，住宅户型拼接数量可多可少，住宅单元交通组织稳定有序。

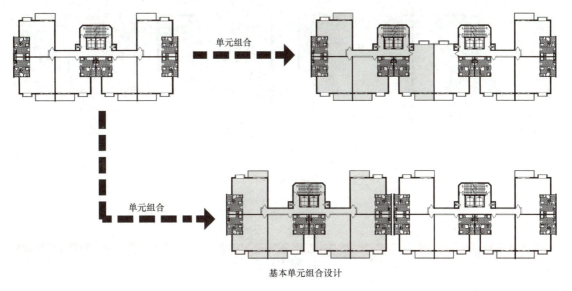

图 3.15　不同的基本单元组合设计形式

3.4.3　住宅单体户型的可变设计

通过"基本单元—灵活组合—可变设计"的策略流程，可以促使住宅单体户型生成较强的应变能力。住宅单体户型可以组合成使用功能、尺度大小、空间形态等要素各不相同，并且样式类型多样的各种套型模式。

在具体的设计中，可以将两个 8 m×8 m 的住宅单体户型进行空间灵活组合，或各为独立的一室一厅（或小两室两厅），或打通形成三室两厅，也可以形成上下交错的跃层空间等。

此外，在相同的住宅单体户型套内还可以充分进行灵活组合与可变设计。相同的一套户型内，可以通过轻质隔墙等构造的可变设置，以及壁柜、家具等可变的摆放形式，从而生成非常丰富的，不同大小和功能的室内空间组合，具体如家庭厅、起居室、餐厅、主卧室、次卧室、书房、厨房、卫生间、工作间、储藏间、设备间、工人房等，以满足单身、小两口、老两口、核心家庭、三代同堂等不同需要的用户。同样的，住户在购楼时，可以自由地根据自身实际需要，来选定或深化设计自己的房型（图 3.16）。

(a)

图 3.16　可变的功能空间（C1 户型的 4 种户型设计）

(a)复式上层平面

(b)

图 3.16　可变的功能空间(C1 户型的 4 种户型设计)(续)

(b)复式下层平面

本章小结

　　装配式建筑平面的设计原则是标准化、模块化，如何在这个原则之下，形成多样化的功能组合，满足个性化的需求，是在做设计时需要重点关注的问题。

　　装配式住宅建筑的平面设计，可以通过研究符合装配式结构特性的模数系列，形成一定标准化的功能模块，再结合实际的定位要求等形成合适工业化建造的套型模块，由套型模块再组合形成最终的单元模块。

复习思考题

　　3.1　装配式建筑平面设计要点是什么？
　　3.2　简述装配式建筑平面设计的原则。
　　3.3　简述装配式建筑平面设计的方法。
　　3.4　举例说明装配式住宅的户型可变设计。

第 4 章　装配式建筑立面设计

> **本章要点**
>
> 熟悉装配式建筑立面设计的原则以及设计要点，掌握装配式建筑立面设计的方法。

随着目前大城市不断对高层装配式住宅的推广，改变建筑整体造型和外部装饰的立面设计技术也受到大多数建筑师的青睐。目前，传统建筑设计观念正逐渐被取代，建筑观念更追求绿色节能、彰显个性、艺术审美。在这样的前提下，装配式住宅和立面设计技术应运而生，这种设计技术不仅可以节约资源、绿色节能，还可以在满足住宅舒适度的基础上最大限度地体现设计的美感。高层装配式住宅大量应用混凝土预制构件，其建筑立面设计形式与传统住宅的设计存在着很大的区别。高层装配式住宅的立面细部设计受到预制构件模数化、标准化方面的制约，同时，预制构件种类不宜过多。建筑物构架同样是建筑师应该重点考虑的问题，这些都需要建筑师根据高层装配式住宅立面设计的特点进行充分的研究。

装配式建筑的立面设计与标准化预制构件、产品的设计是总体和局部的关系，通过立面设计优化，设计运用模数协调的原则，采用集成技术，减少构件种类，并进行构件多样化组合，达到实现立面个性化、多样化设计效果及节约造价的目的。建筑立面应规整，外墙宜无凹凸，立面开洞统一，在不影响甲方营销要求的情况下，减少装饰构件及不必要的线条，尽量避免复杂的外墙构件。立面形成三段式：底板现浇加强区，基座变化及可变入口造型；中部统一标准，避免不必要的装饰构件；顶部现浇，丰富造型变化。

4.1　装配式建筑立面设计的原则

4.1.1　建筑高度及层高的确定

装配式建筑选用不同的结构形式，可建设最大建筑高度不同。结构的最大适用高度具体见《装配式混凝土结构技术规程》(JGJ 1—2014)中第 6.1.1 条相关规定。

装配式建筑的层高要求与现浇混凝土建筑相同，应根据不同建筑类型、使用功能的需求来确定，应满足国家规范标准中对层高、净高的规定。

4.1.2 立面设计的标准化与多样化

装配式混凝土建筑的立面设计，应采用标准化的设计方法，通过模数协调，依据装配式建筑建造方式的特点及平面组合设计实现建筑立面的个性化和多样化效果。依据装配式建筑建造的要求，装配式混凝土建筑的立面是标准化预制构件和构配件立面形式装配后的集成与统一。立面设计应根据技术策划的要求最大限度地考虑采用预制构件，并依据"少规格、多组合"的设计原则尽量减少立面预制构件的规格种类。立面设计应利用标准化构件的重复、旋转、对称等多种方法组合，以及外墙肌理及色彩的变化，展现出多种设计逻辑和造型风格，实现建筑立面既有规律性的统一，又有韵律性的个性变化。

居住建筑的基本套型或公共建筑的基本单元在满足项目要求的配置比例前提下尽量统一。通过标准单元的简单复制、有序组合达到高重复率的标准层组合方式，实现立面外墙构件的标准化和类型的最少化。建筑立面应呈现整齐划一、简洁精致、富有装配式建筑特点的韵律效果。

建筑竖向尺寸应符合模数化要求，层高、门窗洞口、立面分格等尺寸应尽可能协调统一。门窗洞口宜上下对齐、成列布置，其平面位置和尺寸应满足结构受力及预制构件设计要求。门窗应采用标准化部件，宜采用预留副框或预埋等方式与墙体可靠连接，外窗宜采用合理的遮阳一体化技术，建筑的围护结构、阳台、空调板等配套构件宜采用工业化、标准化产品。

4.2 装配式建筑立面设计的方法

4.2.1 立面的基本组合方法

由于立面对平面的适应、立面造型标准化的要求，需要从设计理念与技术支撑体系的选择两方面来讨论标准化装配体系对建筑立面设计的制约关系。标准化是工业化建造方式的设计基础特征，立面构件样式的简化、生产数量的增多，使预制构件模具重复利用，立面的构成元素较单一。同时，受模块化建筑设计的影响，房屋被分割成几个单元进行标准设计，需优先考虑立面的规整性、模数化及标准化的实现，因此，装配式住宅外墙面的多样化在很大程度上受到限制。装配式建筑立面设计既要体现工厂化生产和装配式施工的典型特征，也要在坚持标准化设计的基础上实现多样化，避免"千篇一律""千楼一面"。要利用标准化、模块化、系列化的户型组合特点，控制好类型与数量。处理好立面设计和预制构件的关系，立面设计是总体，预制构件是局部，立面构成是总体和局部的集成和统一。实现立面形式的多样化，是装配式建筑设计的重要方面。首先，是组合的多样化；通过标准模块多样化组合，实现了建筑形体和空间的变化。其次，是"层"的变化，立面由预制外墙、预制阳台及空调板、预制女儿墙、预制屋顶及入口构件、外门窗、护栏、遮阳板、空调栏板等要素构成。

北京郭公庄1期公租房在立面设计上，以打造集中国传统文化意味和现代简洁的立面形象为主。采用夹心复合墙体，立面材料采用清水混凝土饰面。社区内住宅有6层和21层，使沿街立面产生高低变化，具有韵律感。建筑立面在构件元素的作用下组合构图，排列组合方式形成丰富变化的效果(图4.1)。

图4.1　郭公庄1期公租房

装配式建筑的立面受标准化设计、定型化的标准套型和结构体系的制约，固化了外墙的几何尺寸。为减少构件规格，门窗大多均匀一致，可变性较低。但是可以充分发挥装配式建筑的特点，通过标准套餐型的系列化、组合方式的灵活性和预制构件色彩、肌理的多样化寻求出路，结合新材料、新技术实现不同的建筑风格需求，形成装配式建筑立面的个性化。实践中比较成熟的做法有如下几种：

(1)平面组合的多样化。设计应结合装配式建筑的特点，通过系列标准单元进行丰富的组合，产生一种以统一性为基础的复杂性，带来建筑体型的多样化。

(2)建筑群体的多样化组合。在总平面布局上利用建筑群体布置产生围合空间变化，用标准化单体结合环境设计组合出多样化的群体空间，实现建筑与环境的协调。

(3)利用立面构件的光影效果，改善体型的单调感。阳台虽然在建筑立面中占有的体量不是很大，但其造型凸出，光影效果明显，形式多样，阳台组合的形式不同，形成的立面效果也不尽相同。在布置上呈连续、成组和散点式的效果。同时阳台与自身的功能构件的相配可形成不同风格、不同样式、不同质感属性(图4.2)。在参与立面建筑构图的过程中，作为建筑的从属部分，在造型上需协调与建筑主体的空间关系、样式联系，在色彩及材质关系上需处理与主体间的呼应关系。阳台设计的多样化体现在造型与整个建筑形体形成呼应或者是对比关系。与分隔墙配合可围合立面区域，在视觉上呈现通高的开敞感。

可以充分利用空调板、空调百叶等不同功能构件的进深、面宽、空间位置等实现多样化。预制挂板、空调隔板、百叶、外墙部件及栏杆等非结构构件及部件，以更多个性化手段实现多样化目标。不同的组合方式可以形成丰富的光影关系，用"光"实现建筑之美。图4.3所示为空调板不同的组合方式形成的立面效果。

图 4.2 阳台不同的组合方式形成的立面效果
(a)通高；(b)内聚；(c)排列

图 4.3 空调板不同的组合方式形成的立面效果
(a)空调板单独设置；(b)空调板结合阳台设置

4.2.2 立面门窗设计

　　装配式建筑立面门窗设计应满足建筑的使用功能、经济美观、采光、通风、防火、节能等现行国家规范标准的要求。门窗对外立面的影响，主要通过洞口尺寸，窗框、玻璃材质等构成门窗的视觉元素。门窗是丰富装配式住宅立面的重要构成元素之一，而门窗形式的标准化，难免单调不能满足使用者的需求。因此在功能要求的基础上，可适当增加构件的规格和样式，如凸窗与平窗的搭配、高窗与普通窗的组合等，创造出多样化的外立面造型。通过门窗组合的变化和排列形式及窗样式的调整，在装配式建筑中也可设计出形态丰富的外立面样式。

(1)门窗洞口的尺寸。门窗洞口尺寸应遵循模数协调的原则,宜采用优先尺寸,并符合《建筑门窗洞口尺寸系列》(GB/T 5824—2008)的要求。各功能空间对板面的划分、窗的开口大小要求也不同,如楼梯间外墙板的窗洞设置。外墙墙板与楼梯间外墙板的平面划分宜同标高,以免产生错缝而带来结构处理的困难。而楼梯平台的标高与建筑层高相差半层,因此,楼梯间外墙板的开口部宜设在墙板标高与休息平台标高中间(图4.4)。窗洞及单元口部位与外墙板上普通门窗,对窗墙比的要求不同。卫生间、厨房及卧室的开口需要也不同,因此外墙划分为不同的预制构件,产生不同尺寸的开口方式,最终形成外墙的基本面。

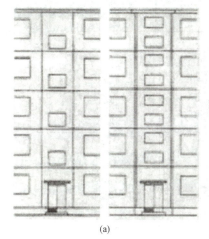  

图 4.4 楼梯间窗和普通窗形成的对比效果
(a)楼梯间外墙板的划分;(b)窗大小的对比

(2)门窗洞口的布置。装配式建筑设计应在确定功能空间的开窗位置、开窗形式的同时,重点考虑结构的安全性、合理性,门窗洞口布置应满足结构受力的要求。装配式混凝土剪力墙结构对建筑设计的要求,门窗洞口位置与形状应方便预制构件的加工与吊装。转角窗的设计对结构抗震不利,且加工及连接比较困难,装配式混凝土剪力墙结构不宜采用转角窗设计。对于框架结构预制外挂墙板上的门窗,要考虑外挂墙板的规格尺寸、安装方便和墙板组合的合理性。

(3)门窗洞口的组合。在外墙开口规格确定的基础上,选择适宜的构件形式,产生立面的装饰效果。例如,选择门窗常用的玻璃材质及木制品、塑钢、铝合金等边框材料,与墙面板常用的混凝土、面砖等材质形成虚实对比,达到视觉上的装饰效果;同时,门窗等开口位置设计也可形成韵律有组织的感觉;也可通过色彩丰富外饰面的效果,化整为零区分大面积的墙面,组织各单元。最后,通过搭配空调板、窗套与阳台栏杆等构件,形成错落排列的多样化的立面设计,窗与墙体形成虚实变化(图4.5)。

立面设计以"少规格、多组合"为设计原则,在装配式住宅套型标准化的基础上,通过划分层次来与模数化的设计语言相协调;以窗与墙板来作为关键元素,模拟立面的对比效果,旨在通过外墙板之间及外墙板与门窗的虚实对比,形成简洁大方的立面构成关系。通过组织窗元素在外墙板上的排布、结构化的线条来表现装配式住宅的基本立面肌理。当然,装配式住宅立面的设计还应结合功能构件等,构成立面设计的不同视觉效果;用装饰材料及构造的手段进行修饰,实现立面效果多样化的形式。

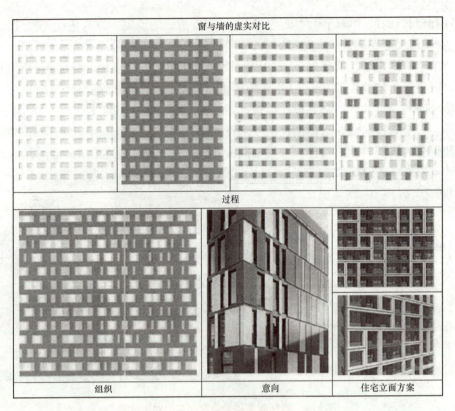

图4.5 窗和墙的虚实对比

4.2.3 外墙装饰材料

预制外墙板饰面在构件厂一体完成，其质量、效果和耐久性都要大大优于现场作业，省时省力、提高效率。外饰面应采用耐久、不易污染、易维护的材料，可更好地保持建筑的设计风格、视觉效果和人居环境的绿色健康，减少建筑全寿命期内的材料更新替换和维护成本，减少现场施工带来的有害物质排放、粉尘及噪声等问题。外墙表面可选择混凝土、耐候性涂料、面砖和石材等。预制混凝土外墙可处理成彩色混凝土、清水混凝土、露集料混凝土及表面带图案装饰的拓模混凝土等。不同的表面肌理和色彩可满足立面效果设计的多样化要求，涂料饰面整体感强、装饰性好、施工简单、维修方便，较为经济；面砖饰面、石材饰面坚固耐用，具备很好的耐久性和质感，且易于维护。在生产过程中饰面材料与外墙板采用反打工艺一次制作成型，减少现场工序，保证质量，提高饰面材料的使用寿命。

装配式建筑的外围护结构的安全性应符合国家或地方相关标准的规定。采用幕墙（如石材幕墙、金属幕墙、玻璃幕墙、人造板材幕墙等）作为围护结构，幕墙厂家需配合预制构件厂做好结构受力构件上幕墙预埋件的预留预埋。

装配式建筑立面分隔应与构件组合的接缝相协调，做到建筑效果和结构合理性的统一。装配式建筑要充分考虑预制构件工厂的生产条件，结合结构现浇节点及外挂墙板受力点位，综合立面表现的需要，选用合适的建筑装饰材料，设计好墙面分隔，确定外墙合理的墙板组合模式。立面构成要素宜具有一定的建筑功能，如外墙、阳台、空调板、栏杆等，避免大量装饰性构件，尤其是与建筑不同寿命的装饰性构件，影响建筑使用的可持续性，不利于节材节能。

预制外挂墙板通常分为整板和条板。整板大小通常为一个开间的长度尺寸，高度通常为一个层高的尺寸。条板通常分为横向板、竖向板等，也可设计成非矩形板或非平面板，在现场拼装成整体。采用预制外挂墙板的立面分隔应结合门窗洞口、阳台、空调板及装饰构件等按设计要求进行划分，预制女儿墙板宜采用与下部墙板结构相同的分块方式和节点做法。

在设计中，将外墙的几何尺寸视为不变部分，并保持预制装配的外墙标准模块的几何尺寸不变来实现标准化，满足工厂生产的规模化需求。而预制构件和部件外表面的色彩、质感、纹理、凹凸、构件组合和前后顺序等是可变的。立面设计可选用装饰混凝土、清水混凝土、涂料、面砖或石材反打、不同色彩的外墙饰面等实现多样化的立面形式。比如上海莘庄镇闵行新城就是采用艺术混凝土饰面一体化预制外墙，预制外墙模底部选用硅胶模，分为粗纹和细纹两种。硅胶模塑造了预制外墙流畅的线条肌理，实现了外立面灵动优雅的艺术效果（图4.6）。

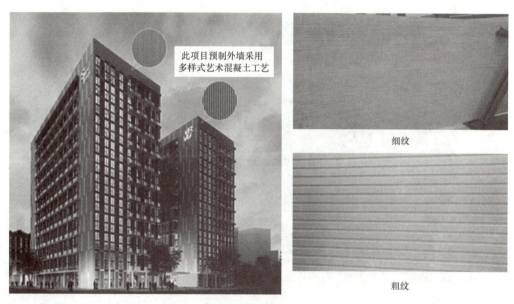

图4.6 艺术混凝土饰面一体化预制外墙

立面装饰材料宜选用耐久性和耐候性好的建筑材料，例如面砖反打、石材反打、涂料、真石漆喷涂、混凝土肌理等工程做法。装配式建筑的饰面材料，作为建筑立面的"底色"，主要通过饰面颜色、图案、纹理等方式影响住宅立面。在与其他构件形成虚实对比中，以个性特征进行表现。

考虑外立面分格、饰面颜色与材料质感等细部设计要求，并体现装配式建筑立面造型的特点，装配式剪力墙住宅的预制构配件之间的接缝应对位精确。预制外墙的面砖或石材饰面宜在构件厂采用反打或其他工厂预制工艺完成，不宜采用后贴面砖、后挂石材的工艺和方法。

4.3　装配式建筑立面设计案例

4.3.1　装配式住宅立面设计——以北京大兴国际机场生活保障基地人才公租房为例

本案例为北京大兴国际机场生活保障基地人才公租房项目。它由 27 栋住宅楼及运动场、幼儿园等配套设施组成，总建筑面积 27 万平方米，坐落于距离大兴国际机场五六分钟车程的榆垡镇。整个工程计划将与北京大兴国际机场同步交付使用，为新机场工作人员和东航、南航员工提供住宿保障，60 平方米精致一居、75 平方米宽景两居等户型满足客户多元化需求（图 4.7）。

图 4.7　北京大兴国际机场生活保障基地人才公租房项目总体鸟瞰图

本项目利用"小街区、密路网"这种高效的城市空间模式，"合而不围，隔而不分"，一个个相对完整的小组团既保证了通勤便捷又不失紧凑与私密。"现代建筑的形体气势"和"东方细部的趣味情怀"完美交融，"中轴对称"等古典理念经过了现代演绎。一条世代恪守的中轴线，使住宅组团展示出平稳均衡、端正雍容的气度。

住宅建筑立面的设计力求呈现方正稳重、简洁明快的风格。结合项目的实际情况，由功能出发，讲究元素构成关系。作为装配式住宅项目，其在模块化、标准化、预制化的要求下，建筑立面较为规整，遵循了如下几个设计原则。

1. 墙面的拆分设计

综合"分级拆分，由内到外"与"合理划分板材，突出线条"两项原则，尽量减少凹凸、简化墙板、规整立面。依据装配式建造方式的特点实现立面的个性化和多样化，优化方案，降低成本。经过经济性评估，减少立体构件，降低侧模数量；统一外窗尺寸，降低内模数量。同时依据各空间对采光要求的不同，设置不同门窗的开口，形成差异化的外立面，丰富工业化住宅的外观效果（图 4.8）。以装配式住宅立面拆分为依据，将外墙基本面、屋顶、单元主入口、各预制构件以版式平面设计的原则进行组织。加强在同一平面内相同元素的秩序性。重复性要点的应用，使多个元素形成的视觉单元重复出现，在竖向上强化构件元素的统一性，形成竖向线条联结，使立面更加挺拔；运用装配式住宅本身在造型、色彩、细部装饰等方面的特点形成对比；在立面内，以增强立面效果的识别性，使其具有层次感，通过构件元素的位置、大小、比例、颜色等方面形成对比。

图 4.8　住宅楼近景照片

2. 功能构件元素的利用

在墙板分级拆分的基础上，应用平面设计的原则，组织构件元素，对窗和阳台的主要构件元素从功能角度出发构成立面的图底关系，对空调板、分隔墙和连梁等辅助的构件元素进行或围合或分散的布局形式，强化线条与构件组织的逻辑，形成风格不同的立面形象。首先，北立面的墙板通过宽窄不等的水平线段的分隔，呈现不同韵律的变化，打破了传统外立面单一的风格。其次，各功能构件上，从功能的角度出发，规律布置。窗与墙体保持一致，进行一体化设计，以形成干净统一的立面形式，作为外墙设计的基本面，其发挥余地较小；而阳台的布置则相对灵活，在立面形成连续的肌理，勾勒线条。空调挡板通过在竖向上重复连接，突出立面线条的挺拔感。最后，楼电梯间和女儿墙，作为顶部的视觉焦点、线角的形式进行围合强化。强调入口单元的形象设计，使立面构图有重点，与平均化设计的外墙板立面形成对比。结合非标准化的构件，妆点底层的入口（图 4.9、图 4.10）。

3. 立面细部装饰

装配式住宅的外墙板在饰面构造上也具有很大的灵活性，使得既使造型相同的立面形成外观不同的饰面效果，形成了丰富的建筑肌理；又同时展现了装配式住宅的预制构件平整、模块感强、尺度感好的效果。"少规格、多组合"的建造形式，在"重复"中表现了材料的形式美，充分发挥出了材料自身的表现力。统一结构、功能与形式，没有装饰构架。颜色的控制与调整：以暖色调为主，作为住宅立面的"底色"。咖啡色的真石漆饰面增加竖向线条和立面的整体感并丰富立面层次，明亮温暖，显露家的温馨与平和。在细部的装饰部品的点缀下形式变化丰富：建筑细节充满了传统式样。"云纹、回纹、万字纹"这些古朴的纹饰原汁原味地出现在围栏、屋檐、入户大堂、阳台栏板上，中国神韵凝聚在曲折迂回的纹路里。图案挡板的装饰符号与实用性相结合，图案化的形象形成线的形式，装点立面构图，起到较好的构图效果。黑咖啡色的空调机位的金属部品与墙板相衬，重复及对齐原则的应用，使立面的竖向线条完整统一（图4.11）。

图4.9　住宅楼立面实景照片

图4.10　住宅楼入口门厅处

图4.11　建筑细部装饰

4.3.2 装配式公建立面设计——以湖南东泓住工科技园区项目办公楼立面设计为例

湖南东泓住工科技园区项目位于湖南省郴州市苏仙区五里牌镇，项目基地东南边紧靠资五公路（又称工业大道），西南邻五里牌路，东北邻欣荣路，西北邻兴林路。整个地块处于道路设置完善区域，交通便利，配套设施基本完善，供电、给排水、电信、供暖设施齐全。拟建PC生产厂房、办公楼、员工宿舍楼、成品展示区以及配套辅助用房，这里重点分析园区中办公楼立面设计（图4.12）。

图4.12 园区整体鸟瞰图和总平面图

整个园区建筑风格定为"庄重""现代""科技"，建筑色调统一于黑白灰，加以点缀企业标准色——绿色。最初的方案本着大胆、创新的思路出发，运用多种空间组合方法，时尚、科技感表现十足，但企业企图追求更庄重、更稳重的感觉，几轮下来，办公楼最终立面如图4.13所示。

图4.13 办公楼立面方案

在目前掌握的各项装配式技术的基础上，建筑、结构、给水排水、暖通、电气之间相互配合，项目有序地正常进行中（图4.14）。

(1)工程概况。建筑面积：5 922 m²；建筑高度：23.88 m；建筑结构形式：装配整体式框架结构；设计使用合理年限：50 年；抗震设防烈度：6 度；耐火等级：地上二级，地下一级；屋面防水等级：Ⅰ级；地下防水等级：一级。

(2)平面布置。办公楼平面布置为独立主楼模式。长边朝向为南北向，采用内廊式布局方式，每层设置两个交通核。

(3)功能分区。地下 1 层为停车库和设备用房，1~6 层为办公区。

(4)水平及垂直交通。首层南侧主入口和东侧、西侧楼梯与园区道路水平连通。建筑的垂直交通主要通过电梯、楼梯解决运送问题。

(5)剖面设计(各房间走道层高、净高)。本项目建筑总高度为 23.400 m(结构标高)，室内正负零标高相当于绝对标高 147.45 m，室内外高差为 0.15 m。

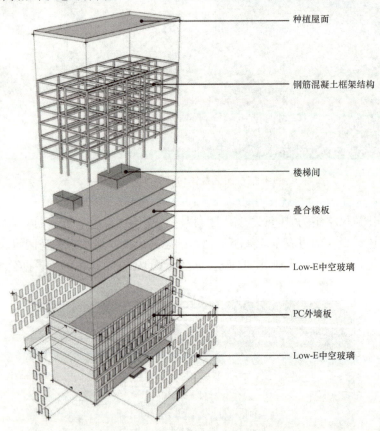

图 4.14　办公楼建筑构件示意图

错位的开窗形式会有漏水问题，所以第一步就是把错位的窗户对齐布置，在层高 3.9 m 的情况下，目前的施工工艺水平只能满足每块板的宽度只有 3 m，办公楼柱网是 8.4 m，因此高 3.9 m、宽 2.8 m 成为此办公楼立面的基本模数尺寸，在此基础上进行开窗样式的变化。变化一是在常规方正、平整的模板上进行立体三维的变形，形成一块块立体模板，立体空间变化越多、越细小，工艺难度越大；变化二是在变化一复杂的立体造型上做减法，达到一般工艺水平能满足的程度；变化三、变化四、变化五是两种模板进行组合的立面效果，这种方式既经济又简单，还容易出效果(图 4.15)。

(a)

(b)

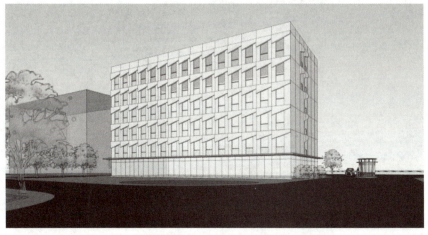

(c)

图 4.15　办公楼立面变形对比
(a)办公楼开窗形式变化基础；(b)办公楼开窗形式变化(一)；(c)办公楼开窗形式变化(二)；

(d)

(e)

(f)

图 4.15 办公楼立面变形对比（续）
(d)办公楼开窗形式变化(三)；(e)办公楼开窗形式变化(四)；(f)办公楼开窗形式变化(五)

本章小结

　　预制装配式建筑的立面设计应利用标准化、模块化、系列化的套型组合特点。预制外墙板可采用不同饰面材料展现不同肌理与色彩的变化,通过不同外墙构件的灵活组合,实现富有工业化建筑特征的立面效果。预制装配式建筑外墙构件主要包括装配式混凝土外墙板、门窗、阳台、空调板和外墙装饰构件等。可以充分发挥装配式混凝土剪力墙结构住宅外墙构件的装饰作用,进行立面多样化设计。立面装饰材料应符合设计要求,预制外墙板宜采用工厂预涂刷涂料、装饰材料反打、肌理混凝土等装饰一体化的生产工艺。当采用反打一次成型的外墙板时,其装饰材料的规格尺寸、材质类别、连接构造等应进行工艺试验验证,以确保质量。外墙门窗在满足通风采光的基础上,通过调节门窗尺寸、虚实比例以及窗框分隔形式等设计手法形成一定的灵活性;通过改变阳台、空调板的位置和形状,可使立面具有较大的可变性;通过装饰构件的自由变化可实现多样化立面设计效果,满足建筑立面风格差异化的要求。

复习思考题

4.1 装配式建筑立面设计原则是什么?

4.2 简述装配式建筑立面设计的标准化与多样化。

4.3 简述装配式建筑立面设计的方法。

4.4 观察并记录你身边的若干个装配式建筑的立面处理案例。

第 5 章 装配式建筑与 BIM 技术

> **本章要点**
>
> 了解装配式建筑设计与 BIM 技术的关联，熟悉装配式建筑的 BIM 设计方法以及应用流程。

BIM 是建筑信息模型（Building Information Modeling）的简称，该模型的创建以建筑项目中的各类数据、信息为基础，再通过数字信息虚拟仿真建筑物的真实信息，呈现的方式是数据库和三维模型，具有可视化、模拟性、协调性、优化性、可出图性等特点。将 BIM 技术与当前装配式建筑设计相结合，可以形成适应装配式建筑的基于 BIM 模块化的设计方法。其方法可以实现复杂预制构件节点的三维模型，方便生产和施工人员对设计图纸的识读，实现信息在设计与生产、施工之间的完整传递；可以实现上下游企业及各专业之间的信息协调，还可以进行各专业构件之间的设计协调，完成构件之间的无缝结合；可以使技术人员按照施工组织计划进行施工模拟，完善施工组织计划方案，实现方案的可实施性。因此，装配式建筑基于 BIM 的模块化设计方法，可以解决当前装配式建筑设计中的一些具体问题，推动建筑产业化发展。图 5.1 所示为装配式建筑 BIM 模型。

图 5.1 装配式建筑 BIM 模型

5.1　BIM 在装配式建筑设计中的应用

装配式建筑是设计、生产、施工、装修和管理"五位一体"的体系化和集成化的建筑，而不是"传统生产方式＋装配化"的建筑，用传统的设计、施工和管理模式进行装配化施工不是建筑工业化。装配式建筑的核心是"集成"，BIM 技术是"集成"的主线。这条主线串联起设计、生产、施工、装修和管理的全过程，服务于设计、建设、运维、拆除的全生命周期，可以数字化虚拟、信息化描述各种系统要素，实现信息化协同设计、可视化装配，工程量信息的交互和节点连接模拟及检验等全新运用，整合建筑全产业链，实现全过程、全方位的信息化集成（图 5.2）。BIM 在装配式建筑设计方面的应用具体体现在以下几个方面。

5.1.1　BIM 与标准化设计

装配式建筑标准化 BIM 构件库的典型特征是采用标准化的预制构件或部品部件。装配式建筑设计要适应其特点，通过装配式建筑 BIM 构件库的建立，不断增加 BIM 虚拟构件的数量、种类和规格，逐步构建标准化预制构件库（图 5.3、图 5.4）。

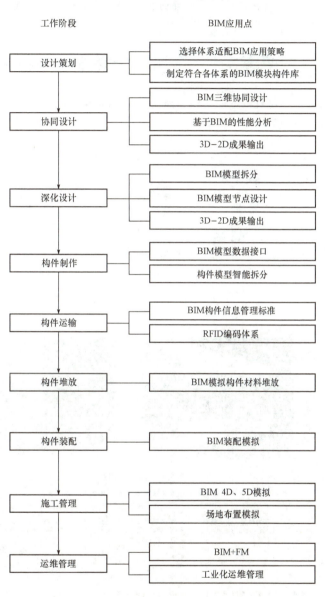

图 5.2　BIM 在装配式建筑全生命周期的应用

5.1.2　可视化设计

BIM 应用有利于通过可视化的设计实现人机友好协同和更为精细化的设计（图 5.5）。

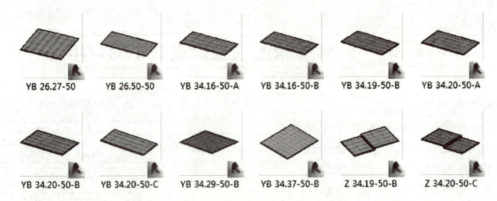

图 5.3 叠合楼板 BIM 构件库

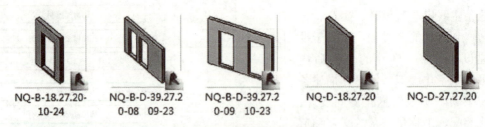

图 5.4 内墙板 BIM 构件库

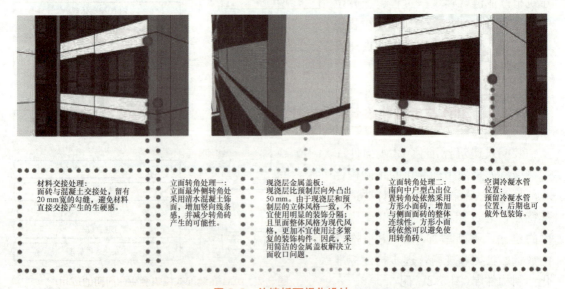

图 5.5 外墙板可视化设计

5.1.3 BIM 构件拆分及优化设计

在装配式建筑中要做好预制构件的"拆分设计",避免方案性的不合理导致后期技术经济性的不合理。BIM 信息化有助于完成上述工作,例如,对单个外墙构件的几何属性经过可视化分析，可以对预制外墙板的类型数量进行优化，减少预制构件的类型和数量(图 5.6、图 5.7)。

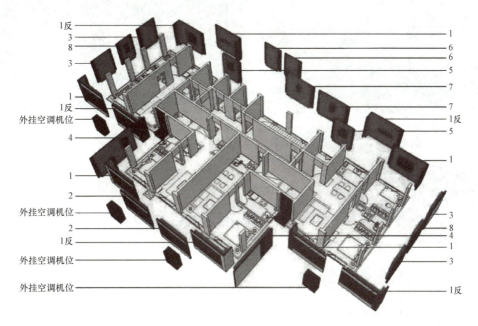

图 5.6　外墙板数量优化

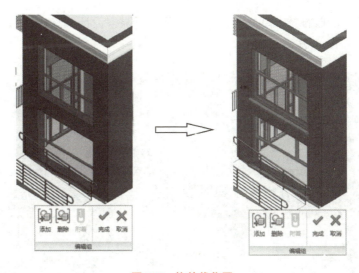

图 5.7　构件优化图

5.1.4　BIM 协同设计

BIM 模型以三维信息模型作为集成平台，在技术层面上适合各专业协同工作，各专业可以基于同一模型进行工作。BIM 模型还包含了建筑的材料信息、工艺设备信息、成本信息等。这些信息可以用来进行数据分析,从而使各专业的协同达到更高层次(图5.8)。

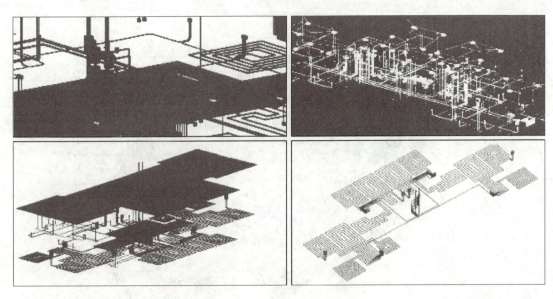

图5.8 协同设计——碰撞检查

5.1.5 BIM性能化分析

对项目日照、投影的分析模拟,可以帮助设计师调整设计策略,实现节能目标,提高建筑性能(图5.9、图5.10)。

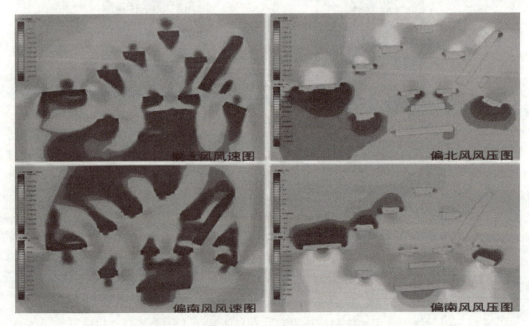

图5.9 计算流体动力学(CFD)模拟(见彩插)

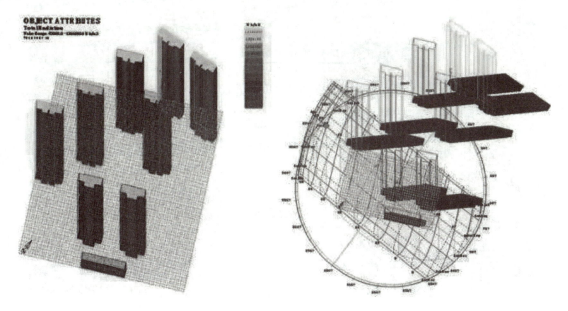

图 5.10　Ecotect 日照模拟(见彩插)

5.2　装配式建筑的 BIM 设计方法

BIM 的装配式建筑模块化设计方法是建筑工业化程度高低的关键，是工厂化生产、装配化施工、一体化装修和信息化管理的基础。

在设计过程中，由于 BIM 技术的运用，建筑、结构、水暖电等专业之间的信息交互传递更加方便，建筑物的信息集成度更高。我国的装配式建筑多以剪力墙结构体系为主，因此本节主要从建筑专业、结构专业、设备专业等对装配式剪力墙结构住宅建筑的模块化设计方法进行分析研究。

5.2.1　建筑专业组合式设计

我国装配式剪力墙结构体系的住宅一般由地下室、首层、其他主要楼层以及机房层组成。地上大部分楼层平面相似度较大，可能根据需要进行了小范围调整。首层和机房层较其他楼层差异度较高，首层除住户外，还包括入口大堂、其他功能房间等，机房层一般在住宅顶层的上一层，用于放置电梯主机等机械设备。随着建筑设计的发展，住宅建筑使用者对户型的选择要求已逐渐明确，住宅户型及平面布局的设计已逐渐趋于标准化和规范化。图 5.11 所示为某装配式建筑的组成部分。

1. 户型设计

户型是指住宅内部的平面布局形式，是为居住者提供日常起居的空间。户型按面积一般可以分为小、中、大三种户型，其中小户型一般指居住面积在 50 m² 以下的户型，中户

图 5.11　某装配式建筑的组成部分

注：目前市场上已建成 PC 项目(18 层以上)，底部基底座 1～2 层以及顶部造型层均是混凝土现浇，故不存在 PC 交接问题，中间段为 PC 做法。

型一般指 70～130 m² 的户型，大户型一般指 150 m² 以上的户型。住宅户型由多个功能区组成，一般包括公共活动区、私密休息区、辅助区等，其中，公共活动区包括客厅、餐厅等；私密休息区包括书房、卧房等；辅助区包括厨房、阳台等。

基于 BIM 的户型模块化设计是利用 BIM 模型库中模数化的功能模块，根据不同的使用功能要求组装成多样化的户型布局，实现模块化、标准化设计以及个性化需求在户型成本和效率兼顾前提下的适度统一。建筑师在进行户型标准化设计时，从 BIM 模型库的二级功能模块库中挑选符合需要的住宅功能模块进行户型内部组合。在组合的过程中，应考虑户型内部功能布局的多样性以及模块之前的互换性和通用性，同时应考虑使用人群的经济能力、家庭结构等因素。

比如，保障性住房户型开间较小，在设计中考虑其使用人群特点，按照使用者的家庭结构，对户型进行可变性设计，年轻夫妻式的居住模式初步形成"家"的概念，由于居住人数较少，可设置一间卧室，将次卧改为书房；核心家庭式的居住模式主要以"两代居"和"三代居"为主，家庭构成较为成熟，因此设置三间卧室；老年夫妇的居住模式需要对户型进行适老性改造，增大活动空间(图 5.12)。利用 BIM 功能模块库中的模型进行户型组装设计，是实现户型多样化的重要手段。当然，也可直接在 BIM 建筑户型库中挑选标准户型模型，利用 BIM 模型可视化、参数化的特点，根据需要对户型空间进行简单调整，得到需要的户型。这种方式省去了烦琐的户型模块组装过程，效率较高，但是由于 BIM 户型库中数量限制，可能无法满足设计要求，这时就需要通过功能模块库中的模型进行户型组装设计，满足设计要求后，经专家审核通过可纳入标准化 BIM 户型库作为补充更新。

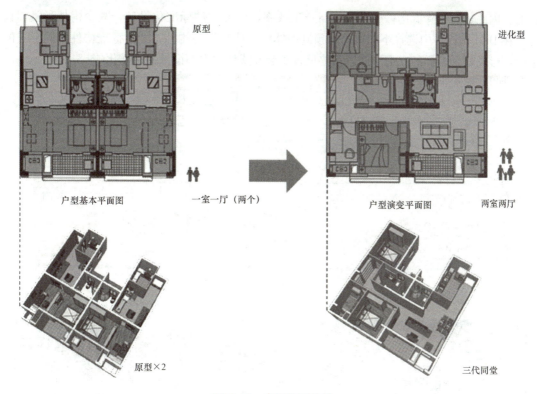

图 5.12 户型的可变性

2. 住栋平面设计

剪力墙结构住宅的住栋平面一般由标准化的户型模块和标准化的核心筒、走廊等模块组成,首层还应包括入口大堂,屋顶应包括机房等。住栋平面的标准化设计是在完成户型设计后,通过添加其他附属模块进行平面组装设计的过程。设计师将组装好的或者从 BIM 户型库中挑选出来的完整户型,在 BIM 数据平台上通过有机结合组装成完整住栋平面,实现标准化基础上的住栋平面多样化布局。

在平面组装过程中应根据地域差异、住宅的性质等因素,合理选择住栋平面布局形式,考虑结构受力以及综合美学因素,应尽量使住栋平面在对称轴左右对称。各个标准户型作为住户的生活单元既相互独立又具有一定的关联,组成平面的各个标准独立模块之间不可避免地会出现共享部位,一般为内墙或内隔墙,称为"接口"。接口不仅存在于户型之间,在户型内部各个功能模块之间也存在接口问题。接口分为重合接口和连接接口。重合接口是指两个模块之间的共享部位出现重叠的现象。连接接口是指其中一个模块在接口部位是开放的,因此两个模块能够进行完美对接,不会出现多余构件。处理好接口部位是平面组合设计的关键所在。图 5.13 所示为住栋平面组合。

3. 立面设计

住宅立面设计的标准化并不意味着呆板与单一,以组合平面为基础,对立面进行多样化设计,通过色彩变化、部品、构件重组等方法形成丰富多样的立面风格,使其与周围环境很好地融合。与普通住宅相比,装配式住宅立面设计最大的特点是通过组装拼合而成,其中包括预制墙体构件、功能性构件等。在这种生产模式下,构件的种类越少,数量越大,成本就越低。因此，为了降低构件成本，提高施工效率，增加构件标准化设计，减少构件种类，设计师在 BIM 构件库中选择不同风格的预制墙体构件或功能性构件，经过标准构件不同形式的组合，形成复杂多样的立面形式，最终展现出装配式住宅立面设计的多样化（图 5.14）。

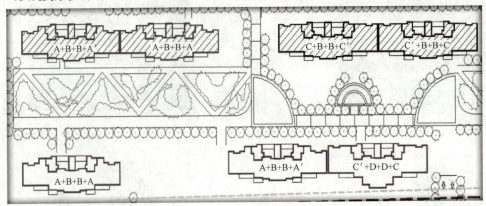

图 5.13　住栋平面组合

图 5.14　立面的多样化组合

5.2.2　结构专业组合式设计

建筑专业设计完成后，根据建筑师提供的建筑模型，结构师从 BIM 结构户型库中选取与之相对应的结构模型进行组装设计。由于结构构件的布置不同，一种建筑标准户型可对应多个结构户型。结构设计师根据规范、标准以及经验挑选出合适的结构户型模块进行预设计，加上核心筒、走廊、入口大堂以及机房等辅助模块，在 BIM 软件平台上预组装成整体楼栋结构模型。在此过程中，设计师可利用 BIM 的可视化、参数化等优势对结构模型进行调整。此模型为结构初步设计模型，设计的正确性与合理性还需通过计算分析进一步验证。如何很好地实现 BIM 软件与结构计算分析软件之间数据的互相传递，是 BIM 技术在装配式建筑中应用与推广的关键。

Robot Structural Analysis 作为国外主流 BIM 结构分析设计软件之一，在国外应用较广，但是由于我国的 BIM 技术水平较低，该软件在国内的应用较少。目前，我国的主流结构设计软件都在积极开发与 BIM 软件相关的数据接口程序，实现模型数据的互导，比如 PKPM 开发了与 Revit 软件转换接口程序 P-Trans，盈建科开发了与 Tekla、Revit 等软件的接口转换程序，并且推出了 Revit 平台中的 YJK 结构插件，实现了荷载数据的传递、Revit 软件中施工图的绘制以及钢筋模型的自动生成，提高了设计效率。按照标准化结构设计流程，将创建好的结构初步设计模型，通过 Revit 软件中的外部接口程序，导入盈建科软件中进行结构整体性能分析。若分析计算结果符合国家规范的规定，且计算得到的配筋结果与选定的结构构件的配筋信息相匹配，则可在此模型基础上完成后续工作；若计算结果不符合设计要求，则需要返回 BIM 模型中进行修改，再重复进行结构计算的工作，直到计算分析结果通过，得到符合设计要求的结构模型。

5.2.3 设备专业组合式设计

BIM 领域中的设备模块包含水、暖、电三个专业，为了方便设备工程师进行 BIM 设计工作，Autodesk 公司开发了 Revit MEP 软件，MEP 为机械（Mechanical）、电气（Electrical）、管道（Plumbing）三个专业的英文首字母缩写，2012 版本之后，RevitMEP、Architecture、Structure 三个独立软件合并为 Revit 一个软件。MEP 变成了 Revit 中的一个模块，主要用于水、暖、电专业的设计工作，本书所研究的设备专业标准设计方法是基于此软件模块的。

设备专业的标准化设计，是在建筑模型设计完成之后与结构设计同时进行的，延续了建筑、结构设计的模块化思想，建筑户型的设计决定了 MEP 的模型方案。设计师根据建筑户型样式，在 BIM 设备模型库中挑选与之相对应的水、暖、电模型载入建筑模型，在 BIM 软件中经过微调，使其与建筑户型相适应。电气专业涉及户型内部各种电气配件的精确位置，比如插孔插座、电箱、预埋电气线管、预留线孔等，在设计过程中应考虑预制深化构件的选择问题，确保由各构件拼装完成的户型与电气模型相匹配。利用复制、镜像、旋转等操作完成所有户型内部 MEP 模型的设计。由于户型外部公共区域的水、暖、电设计情况较为多变，又涉及与立管以及多个户型内部管线的对接，不宜利用标准化的模型进行直接放置，因此需要根据实际情况在 BIM 软件中进行手动绘制，然后将每层的各横管进行有效连接，在相应位置绘制立管，将每层管道系统连接为建筑物内部的整体模型。在设计过程中，要对水暖管线进行水流分析计算，对电气模型进行电力负荷计算，确保设计的合理性。如有不合理之处，需要返回 BIM 模型进行修改调整。通过碰撞检查不断调整碰撞管线位置，避免在施工过程中发生碰撞出现无法安装的情况，最终形成符合设计要求且无碰撞的整体设备模型。

5.2.4 专业协同设计

BIM 协同设计是指建筑工程的各个专业在共同的信息平台上进行参数化设计，减少信息传递过程中的信息孤岛，保证各专业之间信息传递的准确性，从源头上减少甚至避免错、漏、碰、缺等现象，提升设计效率和质量。一般来说，BIM 协同设计分为两种方式：一种是各专业设计人员之间在同一个 BIM 协作平台上进行实时协同设计，比如 Revit 中利用工作集在同一个中心文件中进行各专业协同设计；另一种可能由于时间、地点等限制因素，实现实时协同设计比较困难，因此可以在各专业独立设计之后，通过模型连接的方式将所有设计模型整合到同一 BIM 平台进行协同，并进行各专业之间以及专业内部之间的综合协调优化。

从目前来看，比较常用的是第二种整体协同设计方法。本书所研究的整体协同设计采用的是第二种方法，在完成建筑、结构、设备各专业模块化设计之后，将所有专业模型进行整合，在共同的 BIM 协作平台上进行建筑物整体的协同设计，对各专业内部进行调整和优化，使各专业设计成果符合相关规范和使用功能要求，对各专业之间进行碰撞检查和调整，比如利用 Navisworks 软件检查设备模型与结构模型之间的冲突，根据规范要求对碰撞模型进行调整，使其满足实际安装要求，避免在现场安装施工过程中出现问题，影响工期，增加成本。

基于 BIM 技术的整体协同设计，加强了各专业内部以及各专业之间的沟通协调，减少了传统二维设计由于相互之间的独立性而产生的设计冲突问题，有利于设计、生产、施工等各项目参与方之间的信息交流与反馈，提高了决策的科学性和准确性，为项目投资建设的圆满完成提供了有力保障。

5.2.5 基于 BIM 的构件拆分

在装配式建筑中要做好预制构件的"拆分设计"，俗称"构件拆分"。实际上，正确的做法是前期策划阶段就专业介入，确定好装配式建筑的技术路线和产业化目标。在方案设计阶段根据既定目标，依据构件拆分原则进行方案创作，这样才能避免方案的不合理导致后期技术经济的不合理，避免由于前后脱节造成设计失误。通过构件拆分，可以对预制墙板的类型数量进行优化，减少预制构件的类型和数量。

由于组合式设计是以户型为基本单元进行，因此在整体设计完成后，需要按照相关拆分规则将户型以及其他附属模块拆分为多个构件单元，以便为之后的构件深化设计及生产提供有效信息。在模型拆分过程中，除了应满足《装配式混凝土结构技术规程》(JGJ 1—2014)的相关规定外，还应充分遵守《建筑模数协调标准》(GB/T 50002—2013)的有关要求，在模数协调的基础上拆分构件，遵循"少规格，多组合"原则，形成预制构件 BIM 模型的标准系列化，协调建设、设计、制作、施工各方之间的关系，加强建筑、结构、设备、装修等专业之间的配合。

设备的预埋、生产模具的摊销、构件的吊装、塔吊的附着、构件的运输等，这些设计、生产、施工问题也要在构件拆分的过程中予以考虑。综合分析设计各方面，如果所拆分构件的制作和施工都有困难，就应避免拆分。构件拆分除了要满足建筑相关规范，还应考虑工程造价问题，在提高预制率的同时尽可能地降低建设成本。完成构件的拆分后，按照所拆分出来的预制构件外形尺寸、混凝土强度等级、钢筋信息等参数，在 BIM 构件库中挑选匹配度最高的构件模型，进行下一步的模型构件深化设计。基于 BIM 的构件拆分与挑选，相比于传统二维拆分设计，具有可视化、集成化的特点，在三维模式下不仅能更加直观地对预制构件进行表达，而且由于其信息高度集成的特点，可以将构件的参数信息传递至构件生产制作阶段，甚至装配施工阶段。Revit 系列软件与 Tekla 软件均具有构件拆分(切分)功能。

基于 BIM 技术的装配式住宅组合式设计方法，相较于传统设计流程的优势，是借助 BIM 技术可视化、参数化、数据集成度高以及模型图纸关联的诸多特点，实现装配式住宅标准化基础上的多样化组合，使装配式住宅的设计效率得到提高。借助 BIM 模型数据信息传递的准确性和时效性，一定程度上推动了住宅产业化的发展，并且本章对基于 BIM 的装配式住宅组合设计方法研究对后续进行的 PC 构件深化设计起着决定性作用。

5.3　BIM 在装配式建筑中的应用流程

5.3.1　方案设计阶段

BIM 技术在该阶段的应用主要集中在空间规划、可持续设计分析、法规检测几个方面。设计人员在方案设计中除了通过 BIM 技术的 3D 可视化功能特性进行规划设计，更重要的是通过 BIM 技术对现实信息数据的收集、整合、分析，对设计决策提供参考，使设计方案更具合理性。建筑专业基于概念设计交付方案考虑装配式拆分体系、预制及施工要求进行设计准备，并提供给结构专业与机电专业人员。之后，所有专业开展基于 BIM 模型的方案设计、初步设计、施工图设计工作。在此过程中，各专业内部及专业间将基于统一的 BIM 模型完成所需的综合协调，BIM 模型以及通过 BIM 模型及生成的二维视图将同时交付归档。

1. 空间规划

空间特性主要归为场地分析、建筑造型、建筑景观、交通流线等方面。其中，场地分析是进行规划设计的首要条件。建筑造型设计不仅要从美观、实用、经济的角度考虑，还要考虑当地文化传统，从城市规划宏观的角度进行设计。建筑外部景观设计也需要从文化传统、气候条件、可持续发展等方面进行考虑。进行建筑设计时，合理的交通流线可以保证使用者的便利性以及安全性，对建筑设计有很大的意义。

2. 场地分析

在规划阶段，BIM 技术可以对装配式建筑项目现有基地和周边的地形地貌、植被、气候条件等因素进行分析，便于设计人员对项目的整个地形有一个整体、直观的了解，从而为后续方案设计中确定装配式建筑的空间方位、建筑与周边地形景观的联系等奠定良好的基础。项目开始阶段，最重要的就是掌握场地信息，可以通过 BIM 与地理信息系统（Geographic Information System，简称 GIS）相结合的办法，第一时间将场地分析的成果可视化，包括场地的高差、坡度等。

5.3.2　优化设计阶段

BIM 技术的计算系统，使其与传统建筑物理分析软件相比，能提供给设计师更多的实用性。与传统绿色建筑分析软件相比，BIM 技术的分析可以整合整个建筑周期内的信息，通过可视化、BIM 管线综合等手段多方面优化整个项目过程。用 BIM 模型可以直接对建筑物理环境进行分析，如果要进行分析反馈的设计，则需要将模型导入传统分析软件，如 Ecotect Analysis、Weather Tools 等。BIM 模型与传统建构模型相比，优势在于模型所反馈信息的时效性和参数化建构便于实时修改并直接生成变化的特点。这样直观的结果呈现，可以方便设计师增强对项目的整体把控。

1. CFD

运用流体力学(Computing Fluid Dynamic，CFD)分析建筑室内外气流情况和温度场，这一方法主要用来模拟建筑或建筑群周围的风环境，从而改善建筑的外形和尺寸等。工业化住宅设计对这一运用比较频繁，如根据风场情况考虑是否在建筑外部添加阳台、露台等空间。因此，风环境的分析和对项目的反馈分析可以通过这一方法实现。

2. Ecotect Analysis

Ecotect 软件与 BIM 软件之间的数据一定程度上也是相通的。它们均可以根据日照、采光等因素对建筑的采光环境进行分析，从而帮助设计者设计出拥有更好空间体验的建筑。Ecotect 软件中收集了各种采光条件和地区的采光情况，可以直接将建筑放入特定环境、地点进行模拟。Ecotect 与 Adiance Desktop(美国能源部下属的劳伦斯伯克利国家实验室于 20 世纪 90 年代初开发的一款建筑室内采光和照明模拟软件)一起运用，也可以验证所设计建筑的内采光环境条件。

5.3.3 深化设计阶段

深化设计阶段是装配式结构建筑实现过程中的重要一环，起到承上启下的作用。通过深化阶段的实施，建筑的各个要素进一步被细化成单个的，包含钢筋、预埋的线盒、线管和设备等全部设计信息的构件。与普通建筑不同，在方案设计阶段后期，装配式建筑为了达到一定的预制率和对成本的控制及完成预制构件在工厂的自动化生产，一般需要进一步对方案进行深化和优化，包括构件尺寸优化、构件拆分、构件深化、构件配筋、碰撞检测等方面。在深化设计阶段，BIM 技术主要通过其可视性、参数性、联动性对深化进行辅助设计。

1. 构件拆分

在目前装配式建筑中，常采用的结构体系是竖向承重和水平抗侧力系统，由现浇钢筋混凝土剪力墙和预制钢筋混凝土墙板构成，预制墙板之间、预制墙板和现浇墙板之间通过现浇节点进行连接成为整体。以建立"族"库的方式，对装配式建筑的构件进行拆分并管理。对构件的管理和修改也即对对应的"族"进行管理和修改。通过把"族"组装成总装模型，可以对构件之间相互拼接有一个直观的检查。图 5.15 所示为标准层构件拆分。

2. 构件深化

构件深化过程包括许多工作，根据前期构件的拆分，对构件进一步进行形体优化、钢筋配置、碰撞检测等。此阶段对于构件的设计精度要求已达到钢筋级别，在此阶段内采用人为识图的方式已经成为不可能，需要借助 BIM 的可视化技术进行辅助设计。

3. 构件出图

项目中数量巨大的预制构件和建筑部品，对于预制构件图纸的生产，BIM 技术的联动性尤为重要。通过 BIM 技术，可在一定程度上实现图纸生成自动化。

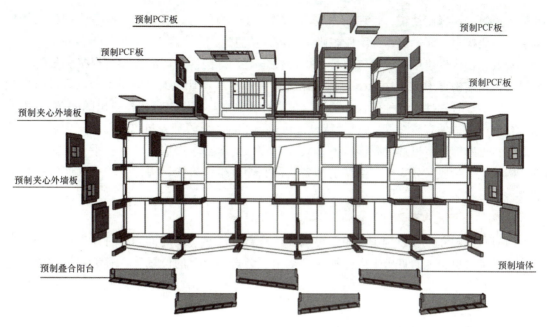

图5.15 标准层构件拆分

4. 碰撞检测

利用BIM平台对模型进行碰撞检测,分为两个阶段。第一阶段,先进行构件间的碰撞检测;主要是竖向连接钢筋与对应的套筒空腔、水平连接钢筋、叠合板侧胡子筋和墙柱梁构件的竖向钢筋碰撞,构件间管线的连接点是否一致,建筑外饰层间的防水构造是否搭接可靠等。第二阶段,进行构件内部的碰撞、钢筋之间的碰撞、钢筋与预埋件间的碰撞、钢筋与管线盒间的碰撞等检测;根据检测结果对各个要素进行调整,此时,应尽量调整水平和竖向连接以外的配件,进一步完善各要素之间的关系,并利用BIM模型直接出构件深化详图,图纸应包括构件尺寸图、预埋定位图、材料清单表、构件三维视图等。

5.3.4 构件生产阶段

生产管理人员根据BIM构件模型的材料归类整合信息,实现与财务系统对接,精确控制物料的统计、归类、采购和用量。根据工厂设备条件利用BIM模型设计模具,根据BIM模型三维可视,结合CAD图纸指导工人施工、下料、组装。通过BIM技术能够完整地将建筑设计阶段的信息传递到构件生产阶段,项目设计阶段所创建的构件三维信息模型,可以达到构件制造的精度,直接为生产制造阶段提供有效数据。再加上BIM模型信息的时效性强,构件生产所需数据能够及时得到更新。

BIM技术在精度和时效性方面的优势,让构件制造的精益生产技术更加容易实现。通过精益制造的相关理论和BIM技术相结合,BIM技术对信息集中管理利用的优势更加明显。我们可以借助精益建造平台基于物联网和互联网,将RFID技术、BIM模型、构件管理整合在一起,实现信息化、可视化构件管理,保证住宅建筑项目全生命周期中的信息流更加准确、及时、有效。我们可以运用RFID芯片技术,把BIM构件的模型和现实构件相互配套成组，这样就使统一管理模型成为现实。生产构件时，通过手持设备将构件的信息从生产、质检、入库、出库等阶段扫码录入构件信息库。

例如，在构件生产时，操作人员在手持设备上，将构件的产品类型、规格编号等信息填好，在扫描构件中的芯片 ID，通过网络上传到数据库，管理人员登录平台后，可以在管理的界面中查看构件的各种信息。同样，在质检环节中，操作人员将检查出的问题（如构件边缘有毛刺、构件有裂缝等）通过手持设备传递到平台，供管理人员查看管理。之后，构件在入库、出库等环节也遵循同样的操作模式，构件的全部生产信息可以在平台上查看。其中，构件生产阶段又分为构件生产前准备阶段、构件生产阶段、构件生产后入库阶段三个阶段。

1. 构件生产前准备阶段

BIM 技术精细的构件模型信息，可以使生产部门在更短的时间内进行建造构件的材料和技术准备，更早地制订出生产计划并且空出成型产品储存的位置等，避免在构件生产过程中错误的产生。

2. 构件生产阶段

设计人员将深化设计阶段完成的构件信息传入数据库，构件信息会自动转变成生产机械识别的格式并立即进入生产阶段。通过控制程序形成的监控系统，会一直出现在构件生产的整个过程中。一旦出现生产故障等非正常情况，便能够及时反映给工厂管理人员，管理人员便能迅速地采取相应措施，避免损失。在这个过程中，生产系统会自动对预制构件进行信息录入，记录每一块构件的相关信息，如所耗工时数、构件类型、材料信息、出入库时间等。

3. 构件生产后入库阶段

通过 RFID 技术，模型与实际构件一一对应，项目参与人员可以对构件数据进行实时查询和更新。在构件生产的过程中，人员利用构件的设计图纸数据直接进行制造生产，通过对生产构件实时检测，与构件数据库中的信息不断校正，实现构件的自动化和信息化。已经生产的构件信息的录入，为构件入库、出库信息管理提供了基础，也使后期订单管理、构件出库、物流运输变得实时而清晰。而这一切的前提和基础，是依靠前期精准的构件信息数据以及同一信息化平台，所以，BIM 技术对于构件自动化生产、信息化管理具有不可或缺性。

在施工过程中，操作人员将构件的库存状态、吊装信息、安装情况、成品检验等情况及时录入并上传更新数据库，通过管理平台查看数据信息，使施工管理人员对项目的整体进度安排有了精确的数据支持。最后，直到构件安装完毕，项目建成。基于最终的构件信息，形成了包含整个生命周期的 BIM 模型。通过对 BIM 模型信息的管理，业主可以方便地查看构件，甚至整个项目的运维状态，为之后的检测维修提供方便。

5.3.5 建造施工阶段

装配式项目与传统项目最大的不同之处在于施工自动化、机械化。能够很好地完成机械化施工是建筑工业化的实质。所以，装配式项目的建造施工阶段，对于施工工艺和施工进度要求比传统项目高出很多，需要快速准确构件定位，高质量的安装，需要新的技术支持，需要新的管理方法，而BIM技术恰好能够实现这一点。

在BIM模型的设计阶段，引入施工进度的时间信息能得出具有时间属性的4D模型，通过4D模型可以实现对工程进度的可视化管理。不仅如此，通过BIM模型和RFID技术结合，可以提前对施工场地进行布置，确保施工的有序开展。BIM的信息共享机制，可以有效避免信息传递过程中信息丢失的状况发生，从而可以有效提高施工过程中的管理效率和最后完成构件的质量。RFID技术、云端技术的引用，使施工指导人员可以在远程进行施工指导，帮助现场人员对构件的定位、吊装，也可以实时地查询吊装构件的各类参数属性、施工完成质量指示等信息，再把竣工数据上传至项目数据库，便可以实现施工质量的记录可追溯查询。利用BIM技术模拟施工过程，确定场地平面布置、制定施工方案、确定吊装顺序，进而决定预制构件的生产顺序、运输顺序、堆放场地等，实现施工周期的可视化模拟和可视化管理，为各参建方提供一个通畅、直观的协同工作平台，业主可以随时了解、监督施工进度并降低建筑的建造和管理成本。

5.3.6　运营维护阶段

在BIM应用流程中，最主要的就是构件实际信息与虚拟信息的一致性。通过两者间信息相互传递、更新，使虚拟模型到达"所见即所得"的真实程度，是后期通过BIM模型进行运营维护的基础。在此基础上结合FM(Facility Management)相关技术，业主方或者管理人员通过对BIM模型的检查更新，可以对实际项目进行构件维护、设备管道检测、住宅小区智能管理等。BIM模型中的构件修改具有即时性和准确性，修改的构件会很快在模型中得到反映，能够更有效率地向修改人员提供可视化指导。

本章小结

BIM技术与装配式建筑的结合可以在工程的全生命周期中发挥重大的作用，有利于现场的精细化管理，有利于缩短周期、节约成本、保证质量，提高项目管理水平。BIM技术与装配式建筑必将为我国未来建筑业的发展推波助澜。为了加快我国装配式住宅标准体系的建立，增加预制组件、构件、部品的标准化、系列化程度，对装配式住宅的设计进行标准化、规范化是非常有必要的。借助BIM技术，在多部标准图集以及多个装配式住宅工程实例的基础上，建立标准化的BIM模型库，搭建一个开放信息平台，以BIM模型库中的标准化集成模型为素材进行装配式住宅的设计，借助BIM模型具有可视化、信息集成的优势，优化设计流程，提高设计效率。标准化BIM模型还可以集成产品信息、商家信息等商品化参数信息，有利于市场上下游企业的结合与推广应用。建立起初具规模的标准化BIM模型库，后期可根据市场与客户的需求，在设计标准的引导下，研发设计新的预制装配式构件或组件模型，并经过专家评审及设计优化后，在满足各项规范与标准化设计要求的前提下，纳入BIM模型库，实现模型库的不断扩充及更新。

复习思考题

5.1 BIM在装配式建筑设计中的应用体现在哪些方面?
5.2 简述装配式建筑BIM设计的方法。
5.3 简述BIM在装配式建筑各阶段的应用。

第6章　装配式建筑构造设计

> **本章要点**
>
> 了解装配式建筑与现浇式建筑构造设计的不同点，熟悉装配式建筑构造设计的要点，掌握装配式建筑各组成部分的构造设计方法。

预制装配式建筑是将组成建筑的部分构件或全部构件在工厂内加工完成，然后运输到施工现场将预制构件通过可靠的连接方式拼装就位而成。因此，它的连接及构造方式极其重要，直接关系到建筑的使用效果、耐久性和美观程度。

6.1　装配式建筑构造设计要点

6.1.1　建筑的科学拆分

装配式建筑的重要特点是工业化和标准化，对建筑的科学拆分是实现工业化和标准化的前提。装配式混凝土建筑比现浇混凝土建筑增加了三项设计：拆分设计、预制构件设计和连接节点设计。装配式建筑拆分是设计的关键环节。建筑的科学拆分，关系到建筑物的受力特点、结构安全性、使用舒适性、造价合理性各个方面。建筑不同的拆分方式，会导致本质上的区别。

对构件的拆分主要考虑五个因素：一是受力合理；二是制作、运输和吊装的要求；三是预制构件配筋构造的要求；四是连接和安装施工的要求；五是预制构件标准化设计的要求。拆分的原则如下：结构拆分应考虑结构的合理性，如叠合楼板按单向还是双向考虑；构件接缝宜选在应力较小部位；尽可能减少构件规格和连接节点种类；宜与相邻的相关构件拆分协调一致，如叠合板拆分与其支座梁的拆分需要协调；充分考虑预制构件的制作、运输、安装各环节对预制构件拆分设计的限制，遵循受力合理、连接简单、施工方便、"少规格、多组合"的原则。

1. 柱的拆分

柱一般按层高进行拆分。根据《预制预应力混凝土装配整体式框架结构技术规程》(JGJ 224—2010)中的相关规定，柱也可以拆分为多节柱。由于多节柱的脱模、运输、吊装、支撑都比较困难，且吊装过程中钢筋连接部位易变形，从而使构件的垂直度难以控制。设计中柱多按层高拆分为单节柱，以保证柱垂直度的控制调节，简化预制柱的制作、运输及吊装，保证质量，如图6.1所示。

图 6.1 柱的拆分
(a)多节柱；(b)单节柱

2. 梁的拆分

装配式框架结构中的梁包括主梁、次梁(图6.2)。主梁一般按柱网拆分为单跨梁，当跨距较小时可拆分为双跨梁；次梁以主梁间距为单元拆分为单跨梁。

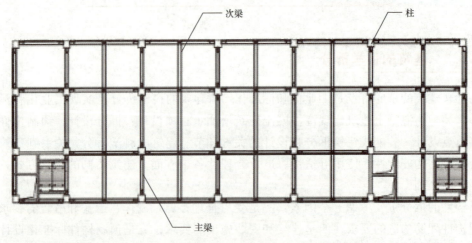

图 6.2 梁的拆分

3. 楼板的拆分

楼板按单向叠合板和双向叠合板进行拆分，拆分为单向叠合板时，楼板沿非受力方向划分，预制底板采用分离式接缝，可在任意位置拼接；拆分为双向叠合板时，预制底板之间采用整体式接缝，接缝位置宜设置在叠合板的次要受力方向上且该处受力较小，预制底板间宜设置300 mm宽后浇带用于预制板底钢筋连接，如图6.3所示。为方便卡车运输，预制底板宽度一般不超过3 m，跨度一般不超过5 m。在一个房间内，预制底板应尽量选择等宽拆分,以减少预制底板的类型。当楼板跨度不大时,板缝可设置在有内隔墙的部位,这样板缝在内隔墙施工完成后可不用再处理。预制底板的拆分还需考虑房间照明位置,一般来说板缝要避开灯具位置。卫生间、强弱电管线密集处的楼板一般采用现浇混凝土楼板的方式。预制底板的厚度,根据预制过程、吊装过程以及现场浇筑过程的荷载确定。一般来说,预制底板厚度取 60 mm,现浇混凝土厚度不小于 70 mm。

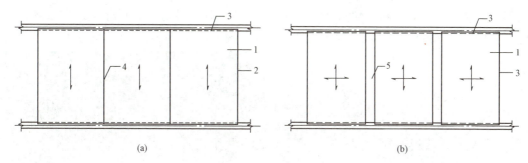

图 6.3　板的拆分
(a)单向叠合板拆分；(b)双向叠合板拆分
1—预制叠合楼板；2—板侧支座；3—板端支座；4—板侧分离式拼接；5—板侧整体式拼接

4. 外挂墙板的拆分

外挂墙板是装配式混凝土框架结构上的非承重外围护挂板,其拆分仅限于一个层高和一个开间。外挂墙板的几何尺寸要考虑到施工、运输条件等,当构件尺寸过长、过高时,主体结构层间位移对其内力的影响也较大。外挂墙板拆分的尺寸应根据建筑立面的特点,将墙板接缝位置与建筑立面相对应,既要满足墙板的尺寸控制要求,又将接缝构造与立面要求结合起来,如图 6.4 所示。

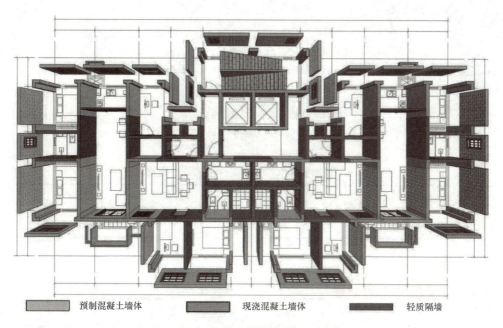

图 6.4　装配式建筑墙体的拆分

5. 楼梯的拆分

剪刀楼梯宜以一跑楼梯为单元进行拆分。为减少预制混凝土楼梯板的自重，可考虑将剪刀楼梯设计成梁式楼梯。不建议为减少预制混凝土楼梯板的自重而在楼梯梯板中部设置梯梁，采用这种拆分方式时，楼梯安装速度慢，连接构造复杂。双跑楼梯半层处的休息平台板可以现浇，也可以与楼梯板一起预制，或者做成 60 mm＋60 mm 的叠合板。预制楼梯板（图 6.5）宜采用一端铰接一端滑动铰的方式连接，其转动及滑动变形能力要满足结构层间变形的要求，且预制楼梯端部在支承构件上的最小搁置长度应符合表 6.1 的要求。

(a)

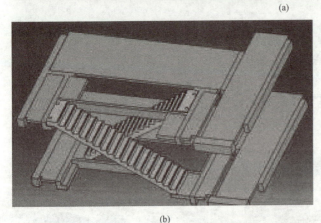

(b)

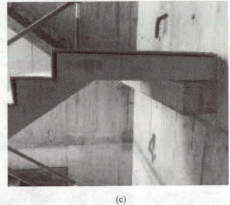

(c)

图 6.5　预制楼梯板

(a)双跑楼梯；(b)剪刀楼梯；(c)预制楼梯节点

表 6.1　预制楼梯板在支承构件上的最小搁置长度

抗震设防烈度	7 度	8 度
最小搁置长度/mm	100	100

6.1.2　关键节点的处理

关键节点的设计和施工是装配式建筑的重点与难点。关键节点的施工质量决定了建筑的保温性和安全性。关键节点包括装配式墙板的设计，包含了墙板尺寸、墙体锚固件布置和板端形状的设计；墙体与主体结构的连接方式；板缝位置、地坪层、屋面位置和门窗洞口位置的保温构造；外墙构造密封、板缝位置密封和门窗洞口的密封做法。

1. 钢筋套筒连接技术

钢筋套筒连接技术 1970 年由美国首先研制成功，目前在日本和美国得到广泛应用。钢筋套筒连接技术是在预制工厂将套筒一端的钢筋通过螺纹完成机械连接，另一端在施工现场通过灌浆进行连接。钢筋套筒连接技术要求钢筋套筒应有足够的强度，灌浆材料应早强、高强，并且套筒、灌浆材料和钢筋之间应该相互匹配。

2. 钢筋浆锚连接方式

钢筋浆锚连接又称间接锚固，是将两种需要搭接的钢筋分开一定的距离，锚固在灌浆套筒、凹槽、节点等处，并通过横向配筋将两个需要搭接的钢筋的拉力转化成剪力。决定钢筋浆锚连接强度的因素：灌浆料中钢筋的抗拉拔强度、灌浆料的剪切破坏、混凝土的劈裂破坏等。

3. "三明治"墙板

"三明治"预制夹芯板由三层构成，最内侧为内叶板，起结构支撑作用；中间层为保温材料，作为墙体的主要保温手段；最外侧为外叶板，起保护保温材料兼顾结构支撑作用。三者在工厂预制完成，以墙体锚固件连接，兼有防水、防火、保温和围护等作用。

"三明治"墙板应保证内外叶与中间夹芯层有良好的粘结性；内外叶还应具有一定的柔韧性，从而适应夹芯层的热胀冷缩而产生的温度应力；保温材料应具有高抗温强度和低吸水率。

6.2 装配式墙体构造设计

6.2.1 装配式墙体的特点

1. 制造工厂化

传统建筑物外表面依靠现场施工制成多种美观的图案，想要粉刷的彩色涂料不出现色差且久不褪色，是十分困难的。但装配式建筑外墙板通过模具，机械化喷涂、烘烤工艺就可以轻易做到这点；工厂在生产过程中，材料的性能诸如耐火性、抗冻融性、防火防潮、隔声保温等性能指标，都可以随时进行控制。工厂预制好的建筑构件运来后，在现场由工人按图组装，而且进度快，交叉作业方便有序，既能保证质量又有利于环境保护并能降低施工成本。

2. 功能现代化

节能外墙有保温层，可以最大限度地减少冬季采暖和夏季空调的能耗；隔声设计提高墙体和门窗的密封功能，保温材料具有吸声功能，使室内有一个安静的环境，避免外来噪声的干扰；防火使用不燃或难燃材料，防止火灾的蔓延或波及；抗震大量使用轻质材料，降低建筑物自重，增加装配式建筑的柔性连接；外观不求奢华，但立面清晰而有特色，长期使用不开裂、不变形、不褪色；为厨房、厕所配备多种卫生设施提供有利条件；为改建、增加新的电气设备或通信设备创造可能性。

3. 设计多样化

目前的现浇住宅设计大多和住房需求脱节，承重墙多，开间小，分隔死，房内空间无法灵活分割。而装配式建筑，采用大开间、灵活分割的方式，根据住户的需要，可分割成大厅小居室或小厅大居室。住宅采用灵活大开间，其核心问题之一就是要具备配套的轻质隔墙，而轻钢龙骨配以石膏板或其他轻板恰恰是隔墙和吊顶的最好材料。

6.2.2 装配式墙体的分类

国外的装配式复合墙板主要是在 20 世纪 70 年代以后发展起来的，美国的轻质墙板以各种石膏板为主，以品种多、规格全、生产机械化程度高而著称，年产量 20 亿平方米，居世界首位；日本石棉水泥板、蒸压硅酸钙板、玻璃纤维增强水泥板（GRC 板）的生产居世界领先水平；英国以无石棉硅酸钙板为主；德国、芬兰以空心轻质混凝土墙板生产为主。长期以来，国外主要形成了法国第戎 CsatelEiffle 住宅群的 FCIS 墙体系统、意大利 BSAIS 工业化建筑外墙体系、日本高层钢结构住宅墙体采用的 PCa 墙板体系。目前，国内装配式墙板的研发、生产与应用已经取得了很大的发展。随着复合墙板的不断深入研究、墙板设计理论的完善、墙板节点形式的改进、墙板安装技术的完善、新型材料的使用，将有力地推动复合墙板在工程中的应用。装配式墙体根据使用性质和特点，可分为以下几种。

1. 预制外墙板

在装配式建筑围护结构中，考核建筑工业化水平的关键指标就是建筑外墙的装配化程度。外墙是建筑的主要组成部分，其构造以及所使用的材料影响着建筑能耗指标和室内居住舒适度。住宅建筑围护结构能耗：外墙可以占到 34%，楼梯间隔墙约 11%。发展高质量外墙复合保温墙板是实现住宅产业化和推广节能建筑的重要捷径。一些发达国家的预制墙板墙体材料的生产在其国家墙体材料总产量中所占比例已高达 60%。在建筑的外墙结构方面，我国正在大力鼓励发展绿色建材，大力推广各种非烧结普通砖，轻型、大尺寸的墙材，同时进一步提高广泛使用的绿色外墙保温材料的生产率。

预制外墙的设计应充分考虑其制作工艺、运输及施工安装的可行性，满足施工安装的三维可调性要求，做到标准化、系列化，实现构件的不断复制和工业化生产。预制外墙要做好构件拆分设计，满足功能、结构、经济性和立面形式等要求，便于建筑立面的表现和结构合理，便于运输、施工和安装。目前，国内可作为装配式外墙板使用的主要墙板种类有承重混凝土岩棉复合外墙板、薄壁混凝土岩棉复合外墙板、混凝土聚苯乙烯复合外墙板、混凝土膨胀珍珠岩复合外墙板、钢丝网水泥保温材料夹芯板、SP 预应力空心板、加气混凝土外墙板与真空挤出成型纤维水泥板（简称 ECP）。

(1) 承重混凝土岩棉复合外墙板。承重混凝土岩棉复合外墙板由钢筋混凝土结构承重层、岩棉保温层和饰面层复合而成。承重混凝土岩棉复合外墙板厚度为 250 mm，其中，钢筋混凝土结构承重层厚度为 150 mm、岩棉保温层厚度为 50 mm、饰面层厚度为 50 mm。与传统的砖混墙体或膨珠、浮石、陶粒混凝土外墙板相比，该种复合外墙板除了具有适应承重要求的力学性能外，还符合《严寒和寒冷地区居住建筑节能设计标准》（JGJ 26—2018）对其保温、隔热性能的要求，具有强度高、保温隔热性能好、施工方便等特点，冬季保温效果相当于厚度为 490 mm 的砖墙，热稳定性也优于厚度为 370 mm 的砖墙。但面密度较大，安装效率较低，不利于推广应用。

(2) 薄壁混凝土岩棉复合外墙板。薄壁混凝土岩棉复合外墙板是由钢筋混凝土结构层（里层）、岩棉保温层（中层）和混凝土饰面层（外层）复合而成的非承重型复合外墙板，墙板厚度为 150 mm。它主要用作框架结构轻板建筑体系的非承重外墙。薄壁混凝土岩棉复合外墙板不但具有优良的保温、隔热性能，其冬季保温相当于 370 mm 的砖墙，而且比传统材料的外墙板密度小得多。但制作工艺较复杂，不利于推广应用。

(3) 混凝土聚苯乙烯复合外墙板。混凝土聚苯乙烯复合外墙板由 70 mm 厚钢筋混凝土承重层（里层）、60 mm 或 80 mm 厚聚苯乙烯板保温层（中层）和 70 mm 厚钢筋混凝土饰面层（外层）复合而成。这种复合外墙板可用作钢或钢筋混凝土框架结构、框架-抗震墙结构的围护外墙，也可应用于其他需要围护外墙的结构。它的平均传热系数仅为 0.58 W/(m²·K)，约相当于 1 m 厚块的保温效果。但面密度较大，需要专用吊机安装，不利于推广应用于当前的建筑工业化。

(4) 混凝土膨胀珍珠岩复合外墙板。混凝土膨胀珍珠岩复合外墙板由钢筋混凝土结构承重层、膨胀珍珠岩保温层和饰面层复合而成。混凝土膨胀珍珠岩复合外墙板厚度为 300 mm，其中承重层厚度为 150 mm，保温层厚度为 100 mm，饰面层厚度为 50 mm。该种复合外墙板除了具有适应承重要求的力学性能外，还能满足《严寒和寒冷地区居住建筑节能设计标准》(JGJ 26—2018) 的要求。混凝土膨胀珍珠岩复合外墙板的隔热、保温性能大大优于以往的轻混凝土外墙板，稍逊于承重混凝土岩棉复合外墙板，其冬季保温效果相当于厚度为 490 mm 的砖墙。但面密度大，需要专用吊机安装，不利于当前建筑工业化的推广应用。

(5) 钢丝网水泥保温材料夹芯板。钢丝网水泥保温材料夹芯板是在工厂内将低碳冷拔钢丝焊成三维空间网架，中间填充轻质保温芯材（主要用阻燃的聚苯乙烯泡沫板）而制成的半成品，在施工现场再在夹芯板的两侧喷抹水泥砂浆或直接在工厂内全部预制完成。该种夹芯板具有密度小、强度高、防震、保温和隔热、隔声性能好、防火性能好、抗湿、抗冻融性好、运输方便、损耗极少、施工方便经济、提供建筑使用面积等特点。它能根据设计上的要求组装成各种形式的墙体，甚至可在板内预先设置管道、电气设备、门窗框等，然后在生产厂内或施工现场，再于板的钢丝上铺抹水泥砂浆，施工简便、快速，加快施工进度。但制作工艺复杂，质量参差不齐，不符合工业化推广应用。

(6) SP 预应力空心板。SP 预应力空心板是采用美国 SPANCRETE 公司技术与设备生产的一种新型预应力混凝土构件。该板采取高强度低松弛钢绞线为预应力主筋，用特殊挤压成型机，在长线台座上将特殊配合比的干硬性混凝土进行冲压和挤压一次成型，可生产各种规格的预应力混凝土板材。该产品具有表面平整光滑、尺寸灵活、跨度大、高荷载、耐火极限高、抗震性能好等优点及生产效率高、节省模板、无须蒸汽养护、可叠合生产等特点，但价格较高。

(7) 加气混凝土外墙板。加气混凝土外墙板是以水泥、石灰、硅砂等为主要原料，再根据结构要求配置添加不同数量经防腐处理的钢筋网片的一种轻质多孔新型的绿色环保建筑材料外墙板。该墙板高孔隙率致使材料的密度大大降低。墙板内部微小的气孔形成的静空气层减小了材料的导热系数。因为墙板的孔隙率大,具有可锯、可钉、可钻和可粘结等优良的可加工性能,便于施工。该墙板同时具有良好的耐火性能,较高的孔隙率使材料具有较好的吸声性能等优点,已具有50多年的欧美发达国家推广应用经验,工艺技术成熟。加气混凝土外墙板具有技术工艺较成熟、轻质、高强、节能、防火、隔声等优点,可加工性好,满足不同气候区建筑节能的需要,按照设计要求将若干块加气混凝土外墙板拼成装配式模块,经表面处理和装饰处理制备节能装饰一体化装配式外墙板,充分实现部品的标准化设计、工厂化生产、装配化施工,大大提高工程精度,减少建筑垃圾,切实做到"四节一环保",是目前应用较多的墙板材料。

(8)真空挤出成型纤维水泥板。真空挤出成型纤维水泥板是以硅质材料(如天然石粉、粉煤灰、尾矿等)、水泥、纤维等主要原料,通过真空高压挤塑成型为中空型板材,然后通过高温高压蒸汽养护而成的新型建筑水泥墙板。通过挤出成型工艺制造出的新型水泥板材,相比一般板材强度更高、表面吸水率更低、隔声效果更好。其不仅可用作建筑外墙装饰,而且有助于提高外墙的耐久性及呈现出丰富多样的外墙效果。它可直接用作建筑墙体,减少多道墙体的施工工序,使墙体的结构围护、装饰、保温、隔声实现一体化。

2. 预制内墙板

预制内墙板可分为承重结构的剪力墙内墙板、非承重结构的轻质隔墙板、蒸压加气混凝土墙板(NALC板)等。

预制内墙板的优点:取消湿作业,提高文明施工;减少人工,易管理,可提高管理效率,降低管理成本,要求精细化管理,计划性要求高,可提高工程管理水平,提高质量。缺点:设计(配板、设备)深度不够,设备未能预先埋入,在墙上开槽未能预先配板,现场随意裁板,工序间歇不够。

装配式剪力墙住宅的分户墙宜作为预制承重内墙,在分户墙上宜设置备用门洞。预制承重内墙应结合住宅功能要求和精装修做好点位、管线等的预留预埋接口。住宅部品与预制内墙的连接(如热水器、脱排油烟机附墙管道、管线支架、卫生设备等)应牢固、可靠。预制非承重内墙板宜采用自重小的材料,内墙的侧面、顶端及底部与主体结构的连接应满足抗震及日常使用安全性要求,同时应满足不同使用功能房间的防火、隔声等要求。用作厨房及卫生间等潮湿房间的内墙板应满足防水要求。预制非承重内墙的接缝处理宜根据板材端部形式和工程实际需要采用适宜的连接方法,并采取构造措施,防止装饰面层开裂剥落。

3. 叠合墙板

叠合墙板属于半预制构件,在工地安装到位后,两层墙板中间的空隙处由现浇混凝土填充,从而将叠合墙板变成整体的实心墙板。叠合墙板集合了工业化生产和现浇混凝土的优点,可分为单面叠合剪力墙和双面叠合剪力墙。其中,单面叠合剪力墙的剪力墙外墙分为两部分,外侧部分预制(PCF)和内侧部分现浇。外侧预制部分在工厂预制、养护,达到设计强度后运抵施工现场,安装就位后和现浇部分整浇形成叠合剪力墙。外侧部分预制作为内侧现浇部分的模板。双面叠合剪力墙的剪力墙从厚度方向划分为三层,内外两层预制,中间通过桁架钢筋连接。工厂预制之后运抵现场安装,中间现浇混凝土。叠合墙板的优点:构件生产标准化程度高,生产效率和质量较高,成本低。存在的不足:技术体系未经地震作用检验、抗震性能研究不完整、技术局限性较大。

4. 外挂墙板

PC外挂墙板应用非常广泛。可以组合成PC幕墙，也可以局部应用。不仅用于PC装配式建筑，也用于现浇混凝土结构建筑。PC外挂墙板不属于主体结构构件，是装配在混凝土结构或者钢结构上的非承重外围护构件。PC外挂墙板有普通PC墙板和夹芯保温墙板两种类型。普通PC墙板是单叶墙板；夹芯保温墙板是双叶墙板，两层钢筋混凝土板之间夹着保温层。单叶墙板结构设计包括墙板设计和连接节点设计；双叶墙板增加了外叶墙板设计和拉接件设计。

6.2.3 装配式墙体的构造设计

装配式墙体的各种接缝部位、门窗洞口等构配件组装部位的构造设计及材料的选用应满足建筑的各类物理性能、力学性能、耐久性能及装饰性能的要求。预制外墙板与部品及预制构配件的连接（如门、窗、管线支架等）应牢固、可靠。

1. 预制墙体的防水设计

预制装配式建筑由于是分块拼装的，构配件之间会留下大量的拼装接缝，这些接缝很容易成为渗漏水的通道，从而对建筑的防水处理提出了挑战。另外，为了抵抗地震作用的影响，一些非承重部位还设计成一定范围内可活动结构，这更增加了防水的难度。预制件与预制件之间、预制件与后浇混凝土结合处等接缝的防水密封，以及门窗周边、预留洞口等节点部位的防水成了装配式建筑防水的重点和难点。处理好这些部位的防水，是保证建筑使用功能的重要因素之一。

预制外墙板接缝，包括屋面女儿墙、阳台、勒脚等处的竖缝、水平缝、十字缝以及窗口处，应根据工程特点和自然条件等，确定防水设防要求，进行防水设计。水平缝宜选用构造防水与材料防水结合的两道防水构造，垂直缝宜选用结构防水与材料防水结合的两道防水构造，如图6.6至图6.8所示。

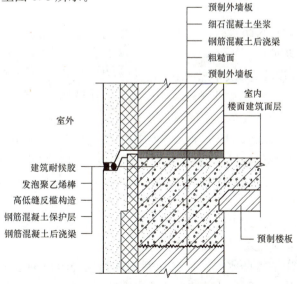

图6.6 水平缝两道防水构造

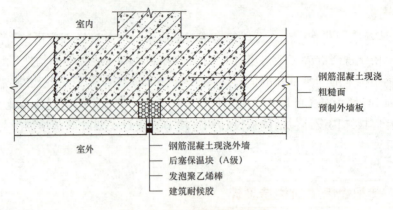

图 6.7 垂直缝两道防水构造

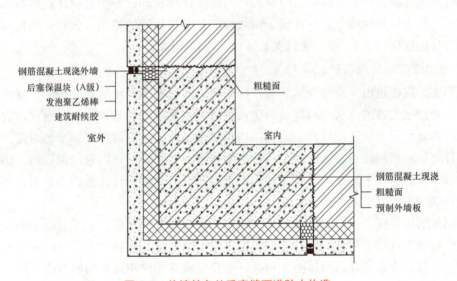

图 6.8 外墙转角处垂直缝两道防水构造

预制外墙接缝采用材料防水时,应采用防水性能可靠的嵌缝材料。预制外墙接缝的防水材料还应符合下列要求:

(1)外墙接缝宽度设计应满足在热胀冷缩及风荷载、地震作用等外界环境的影响下,其尺寸变形不会导致密封胶的破裂或剥离破坏的要求。在设计时应考虑接缝的位移,确定接缝宽度,使其满足密封胶最大容许变形率的要求。

(2)外墙接缝宽度应控制在 10～35 mm 范围内;接缝胶深度控制在 8～15 mm 范围内。

(3)外墙接缝所用的密封材料应选用耐候性密封胶,耐候性密封胶与混凝土的相容性、低温柔性、最大伸缩变形量、剪切变形性、防霉性及耐水性等均应根据设计要求选用。

(4)外墙接缝防水工程应由专业人员进行施工,以保证外墙的防排水质量。

预制外墙接缝采用构造防水时,水平缝宜采用企口缝或高低缝。当竖缝后有现浇节点并能实现结构防水时,竖缝可以采用直缝。

预制外墙接缝采用结构防水时,应在预制构件与现浇节点的连接界面设置"粗糙面",保证预制构件和现浇节点接缝处的整体性和防水性能。

当屋面采用预制女儿墙板时,应采用与下部墙板结构相同的分块方式和节点做法,女儿墙板内侧在要求的泛水高度处设凹槽或挑檐等防水材料的收头构造。挑出外墙的阳台、雨篷等预制构件的周边应在板底设置滴水线。

2. 预制墙体的保温设计

预制混凝土夹芯保温外墙(又称"三明治"外墙),是由内、外叶混凝土墙板,夹芯保温层和连接件组成的预制混凝土外墙板。预制夹芯外墙板是集建筑、结构、防水、保温、防火、装饰等多项功能于一体的重要装配式预制构件,通过局部现浇及钢筋套筒连接等有效的连接方式,使其形成装配整体式住宅。图6.9所示为预制夹芯保温外墙示意图。

 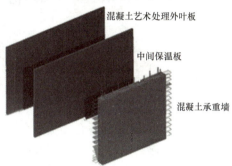

图6.9　预制夹芯保温外墙示意图

(1)预制夹芯保温外墙组合方式。

1)采用预制混凝土夹芯保温承重外墙板。预制混凝土夹芯保温承重外墙板墙板内侧的混凝土板作为承重结构层,厚度可根据结构设计要求确定,一般为160～200 mm,保温层及连接件可采用非金属连接件技术,外层混凝土板作为装饰面层,通过连接件挂在结构层上。该方案可以最大限度地实现预制混凝土外墙的承重、围护、保温、装饰等性能的系统组成。

2)采用预制混凝土外模板技术的夹芯保温墙板。采用预制混凝土外层面板作为外模板,在预制板内侧放置保温材料,通过连接螺栓与内模板连接,再与现场浇筑混凝土剪力墙形成装配整体式保温墙板。

(2)保温板的连接方式。

1)采用非金属连接件技术的夹芯保温板。这是一种新型预制混凝土墙体保温系统,由复合增强纤维连接件和挤塑保温材料构成。使用时,将连接件两端插入混凝土中锚固,中间固定保温材料,采用非金属连接件连接内外层混凝土板会明显降低连接件的热桥效应。

2)采用金属连接件技术的夹芯保温板。预制夹芯保温板采用不锈钢连接件连接内外叶混凝土板,用不锈钢制作的拉接件导热系数远低于普通碳钢,可以减少拉接件的热损失,同时提高拉接件的耐久性。

(3)预制混凝土夹芯保温外墙板的优势。通过工厂化生产的"三明治"墙板,质量稳定,精度高,尺寸可控制在±2 mm以内。内叶墙、保温层及外叶墙一次成型,通过可靠的连接件进行连接形成一个整体,无须再做外墙保温,并且保温层和外饰面与结构同寿命,几乎不用维修。可采用瓷砖反打的方法将外饰面的瓷砖一次成型,也可将外饰面做成凹凸、条纹或各种花纹样式,使外饰面造型多样化。采用外墙装配式的方式进行施工,可大大缩短施工周期,预埋线盒、线管以及钢筋绑扎等复杂工序都在工厂内完成,现场只需拼装、连接。可实现无外架施工,由于外饰面已经一次成型,无须外架进行外饰面处理,只需在墙板中预留孔洞或预埋件,固定临时防护工装。防火效果好,采用耐火等级 B1 级的挤塑板,外饰面层采用 60 mm 厚钢筋混凝土包裹,墙板整体防火性能可达到 A 级。由于墙板内叶墙精度较高,可取消抹灰或减薄抹灰层达到节约成本的目的;采用预制方式可大量减少现场支模;减少现场作业人工;采用无外架方案节约外脚手架成本。

6.3 装配式楼面、屋面构造设计

6.3.1 装配式楼面、屋面类型及设计要求

1. 装配式楼板分类

装配式楼板可分为叠合楼板和全预制楼板。

(1)叠合楼板。叠合楼板是预制底板与现浇混凝土叠合的楼板。叠合楼板的预制部分最小厚度为 60 mm,现浇厚度不小于预制厚度,预制板表面做成粗糙面。图 6.10 所示为叠合楼板示意。

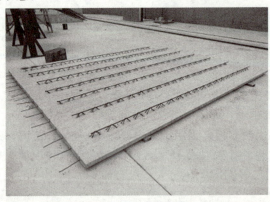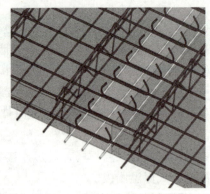

图 6.10 叠合楼板示意

1)普通叠合楼板。普通叠合楼板的预制底板一般厚 60 mm 或 70 mm,包括有桁架筋预制底板和无桁架筋预制底板。预制底板安装后绑扎叠合层钢筋,浇筑混凝土,形成整体式受弯楼盖。普通叠合楼板是装配整体式 PC 建筑应用最多的楼盖类型。

2)带肋预应力叠合楼板。预应力叠合楼板由预制预应力底板与非预应力现浇混凝土叠合而成。带肋预应力叠合楼板的底板包括无架立筋和有架立筋两种。

3)预应力空心叠合楼板。预应力空心叠合楼板是预应力空心楼板与现浇混凝土叠合层的结合。

4)预应力双 T 形板和双槽形板叠合楼板。预应力双 T 形板和预应力双槽形板的肋朝下,在板面上浇筑混凝土形成叠合板,适用于公共建筑、工业厂房和车库。

(2)全预制楼板。全预制楼板多用于全装配式建筑,即干法装配的建筑,可在非抗震或低设防烈度工程中应用。包括预应力空心板和预应力 T 形板。

1)预应力空心板。预应力空心板也称为 SP 板,多用于多层框架结构建筑,可用于大跨度住宅、写字楼建筑。在美国应用较多,欧洲也有应用。日本由于 PC 建筑对抗震设防烈度要求整体性强,较少采用 SP 板。

2)预应力双 T 形板。预应力双 T 形板可用作叠合板的底板,也可直接作为全预制楼板,用于大跨度公共建筑和工业厂房。

2. 叠合楼板适用范围

普通叠合板跨度可做到 6 m,带肋预应力叠合板可做到 12 m,空心预应力叠合板可做到 18 m,双 T 形预应力叠合板可做到 24 m。

3. 楼板设计内容

(1)根据规范要求和工程实际情况,确定现浇楼盖和预制楼盖的范围。
(2)选用楼盖类型。
(3)进行楼盖拆分设计。
(4)根据所选楼板类型及其与支座的关系,确定计算简图,进行结构分析和计算。
(5)进行楼板连接节点、板缝构造设计。
(6)进行支座节点设计。
(7)进行预制楼板构件制作图设计。
(8)给出施工安装阶段预制板临时支撑的布置和要求。
(9)将预埋件、预埋物、预留孔洞汇集到楼板制作图中,避免与钢筋干扰。

6.3.2 装配式楼面、屋面的构造设计

装配整体式建筑的楼板可采用预制叠合楼盖或现浇楼盖,宜优先选用预制叠合楼板。房屋的顶层、结构转换层、平面复杂或开洞过大的楼层、作为上部结构嵌固部位的地下室楼层应采用现浇楼盖结构。厨房、卫生间可采用现浇楼板。

叠合楼板与梁或墙的连接应保证楼盖或屋盖能够起到作为整体传递水平力和连接竖向构件的作用。装配整体式楼盖或屋盖体系的周边应与封闭交圈的梁系连接。楼板与楼板间、楼板与梁或墙间应有可靠连接。

用于装配整体式楼盖的叠合板应符合下列要求:

(1)叠合板的预制板厚度不宜小于 60 mm,现浇层厚度不应小于 60 mm。
(2)叠合板的预制板搁置在梁上或剪力墙上的长度分别不宜小于 35 mm 和 15 mm。
(3)叠合板中预制板板缝宽度不宜小于 40 mm。板缝大于 40 mm 时应在板缝内配置钢筋,并宜贯通整个结构单元。预制板板缝、板缝梁的混凝土强度等级应高于预制板的混凝土强度等级,且不应低于 C30。
(4)叠合板中预制板板端宜预留锚固钢筋。锚固钢筋应锚入叠合梁或者墙的现浇混凝土层中,其长度不应小于 $5d$,且不应小于 100 mm。当板内温度、收缩应力较大时,宜适当增加。
(5)预制板上表面应做成不小于 4 mm 的凹凸面。
(6)当叠合板中预制板采用空心板时,板端堵头宜留出不小于 50 mm 的空腔,并采用强度等级不低于 C30 的混凝土浇灌密实。
(7)对于楼板较厚及整体性要求较高的楼盖或屋盖结构,可采用格构式钢筋叠合楼板,

格构式钢筋叠合楼板施工可不设支撑，格构式钢筋架承担全部施工荷载。

当预制叠合楼板的板侧采用整体式拼缝时（图 6.11），可按双向板叠合受弯构件进行设计，并应满足以下要求：

(1) 板侧应有伸出钢筋；

(2) 板侧拼缝的上口宽度应不小于 40 mm；

(3) 拼缝宽度超边板厚的 1/3 或 40 mm 时，应在拼缝中配置通长钢筋；并宜贯通整个结构单元；

(4) 拼缝宽度超边板厚的 1/2 或 120 mm 时，应在拼缝中布置配筋梁；

(5) 板缝两侧伸出的钢筋锚入现浇层；

(6) 浇筑前应清理、湿润拼缝，灌缝混凝土应振捣密实，加强养护；板缝内的后浇混凝土强度等级应高于预制板的混凝土强度等级，且不应低于C30，宜采用膨胀混凝土。

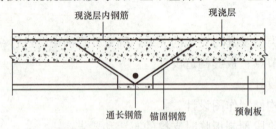

图 6.11　整体式拼缝构造示意

叠合板中预制板的端面或侧面没有锚固钢筋或预埋件时，应在拼缝处贴预制板。顶面设置垂直于板缝的接缝钢筋，接缝钢筋与预制板钢筋的重叠长度，板跨中部位不小于 $1.2l_a$；板跨边部位不小于 $0.8l_a$（图 6.12、图 6.13）。接缝钢筋伸入支座的锚固长度不应小于 100 mm，楼板考虑地震作用时不应小于 l_{aE}；连续板内温度、收缩应力较大时宜适当增加。

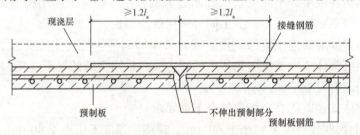

图 6.12　板跨中的接缝钢筋构造

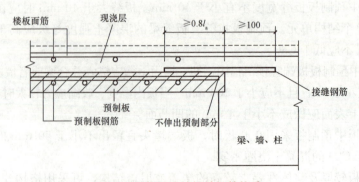

图 6.13　板跨边的接缝钢筋构造

6.4 装配式建筑楼梯的构造设计

6.4.1 装配式建筑楼梯的分类和特点

钢筋混凝土楼梯按施工方法，分为现浇整体式楼梯和预制装配式楼梯。预制装配式楼梯有不带平台板的板式楼梯和带平台板的折板式楼梯。预制装配式楼梯是最能体现装配式建筑优势的 PC 构件。在工厂预制装配式楼梯远比现浇整体式方便、精致，安装后立刻就可以使用，给工地施工带来很大的便利，提高了施工安全性。预制装配式楼梯通过钢筋直接锚入叠合板现浇部分，与主体形成可靠连接。图 6.14 所示为预制装配式楼梯现场实景图。

图 6.14 预制装配式楼梯现场实景图

预制装配式楼梯具有以下特点。

1. 设计标准化、生产精度高

预制装配式楼梯由生产厂家统一优化设计，同类型构件的截面尺寸和配筋进行统一设计，保证构件生产标准化。在构件生产过程中，同样的模板循环使用，严格要求构件的截面尺寸、定位钢筋位置及构件的平整度、垂直度，避免了传统工艺中重新拼装横板产生的误差，生产精度得到极大的提高。

2. 吊装简单

构件生产时预留吊装埋件，运至施工现场后可直接使用塔式起重机进行吊装，无须复杂的吊装工艺，只需 2 名信号工和 1~2 名工人即可完成吊装。

3. 无须模板支撑体系

在现浇楼梯平台板上按设计位置预留锚固螺栓，吊装时将楼梯预留孔对准锚固螺栓安装即可完成锚固，无须底部支撑体系，保证构件支撑方便、就位快捷。

4. 质量通病少

生产时使用定型模板，有效避免了踏步高低不一致、梯段板底部标高不一致、钢筋保护层厚度不满足要求、滴水条不直、不光、不整齐、收面不平整、养护不到位等质量通病。

5. 预制构件连接可靠

预制构件根据其受力特征采用特定的连接方式与现浇结构连成一体，满足结构承载力和变形要求。预制楼梯采用螺栓连接或者焊接，连接后通过节点部位的后浇筑混凝土形成一体，使构件连接可靠，满足结构的安全性和耐久性。

6. 劳动效率提高显著

由于预制构件集中预制，从而可以提高工作效率，节约劳动力。将传统的操作面工序统一转为由工厂生产，很大程度上降低了操作面的施工难度，减少了操作面的施工工序，劳动效率得到了很大的提高。在安装时所需的劳动力也较少，一般仅需3~5人即可完成安装。集中预制还可以减少由于工地分散而造成的原材料损耗，且可以有效收集并使用零星预料加工构件，降低了工程造价。

7. 节能减排效益显著

构件工厂生产减少了建筑材料损耗；现场湿作业显著减少，降低了建筑垃圾的产生；模板支设面积减少，降低了木材使用量；钢筋和混凝土现场工程量减少，降低了现场的水电用量，也减少了施工噪声、烟尘等污染物的排放，节能减排效益显著。

8. 降低工程造价

由于住宅工程楼梯面层多为水泥砂浆抹面，预制楼梯的完成面即可达到装修水平，无须二次抹面。同时，使用预制楼梯代替现浇楼梯，可以有效避免因结构完成面平整度不够而产生的剔凿费用，大大降低了工程造价。

6.4.2 装配式建筑楼梯构造设计

预制装配式钢筋混凝土楼梯将楼梯分成休息平台、楼梯梁和楼梯段三个部分。将构件在加工厂或施工现场进行预制，施工时将预制构件进行装配、焊接。预制装配式钢筋混凝土楼梯根据构件尺度不同，分为小型构件装配式和大、中型构件装配式两类。

1. 小型构件装配式钢筋混凝土楼梯

小型构件装配式钢筋混凝土楼梯的主要特点是构件小而轻，易制作，但施工繁而慢，湿作业多，耗费人力，适用于施工条件较差的地区。

(1)构件类型。小型构件装配式钢筋混凝土楼梯的预制构件主要有钢筋混凝土预制踏步、平台板、支撑结构。

(2)支撑方式。预制踏步的支撑方式一般有墙承式、悬臂踏步式、梁承式三种。

1)墙承式(图6.15)。预制装配墙承式钢筋混凝土楼梯是指预制钢筋混凝土踏步板直接搁置在墙上的一种楼梯形式，其踏步板一般采用一字形、L形断面。这种楼梯由于在梯段之间有墙，搬运家具不方便，也阻挡视线，上下人流易相撞。通常在中间墙上开设观察口，以使上下人流视线畅通。也可将中间墙两端靠平台部分局部收进，以使空间通透，有利于改善视线和搬运家具物品。但这种方式对抗震不利，施工也较麻烦。

2)悬臂踏步式(图6.16)。预制装配悬臂踏步式钢筋混凝土楼梯是指预制钢筋混凝土踏步板一端嵌固于楼梯间侧墙上，另一端凌空悬挑的楼梯形式。

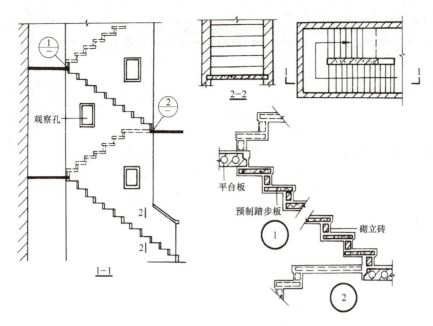

图 6.15 预制装配墙承式钢筋混凝土楼梯

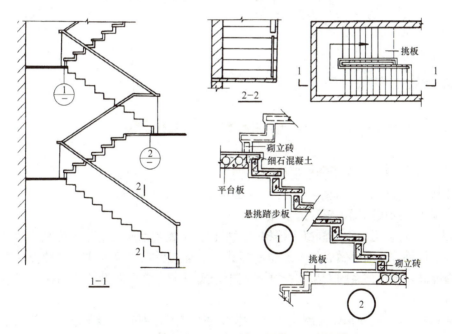

图 6.16 预制装配悬臂踏步式钢筋混凝土楼梯

预制装配悬臂踏步式钢筋混凝土楼梯用于嵌固踏步板的墙体厚度不应小于 240 mm，踏步板悬挑长度一般≤1 800 mm。踏步板一般采用 L 形带肋断面形式，其入墙嵌固端一般做成矩形断面，嵌入深度为 240 mm。

一般情况下，没有特殊的冲击荷载，预制装配悬臂踏步式钢筋混凝土楼梯还是安全、可靠的，但不适宜在抗震设防烈度 7 度以上的地震区建筑中使用。

3)梁承式(图 6.17)。预制装配梁承式钢筋混凝土楼梯是指将预制踏步搁置在斜梁上形成梯段，梯段斜梁搁置在平台梁上，平台梁搁置在两边墙或梁上；楼梯休息平台可用空心板或槽形板搁在两边墙上或用小型的平台板搁在平台梁和纵墙上的一种楼梯形式。

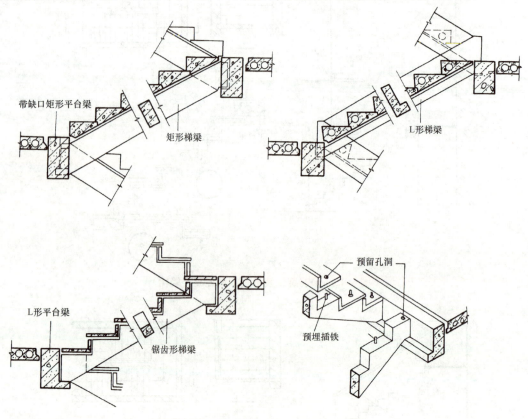

图 6.17 预制装配梁承式钢筋混凝土楼梯

2. 大、中型构件装配式钢筋混凝土楼梯

构件从小型改为大、中型可以减少预制构件的品种和数量，利于吊装工具进行安装，从而简化施工，加快速度，减轻劳动强度。

(1)大型构件装配式钢筋混凝土楼梯。大型构件装配式钢筋混凝土楼梯是将楼梯梁平台预制成一个构件，断面可做成板式或空心板式、双梁槽板式或单梁式。这种楼梯主要用于工业化程度高、专用体系的大型装配式建筑中，或用于建筑平面设计和结构布置有特别需要的场所。

(2)中型构件装配式钢筋混凝土楼梯。中型构件装配式钢筋混凝土楼梯一般以平台板和楼梯段各做一个构件装配而成。

1)平台板。平台板可用一般楼板，另设平台梁。这种做法增加了构件的类型和吊装的次数，但平台的宽度变化灵活。

平台板也可和平台梁结合成一个构件，一般采用槽形板，为了地面平整，也可用空心板，但厚度需较大，现较少采用。

2)楼梯段有板式和梁板式两种。板式楼梯段有实心和空心之分。实心板自重较大；空心板可纵向或横向抽孔，纵向抽孔厚度较大，横向抽孔孔型可以是圆形或三角形。图 6.18 所示为预制装配楼梯上、下连接点做法。

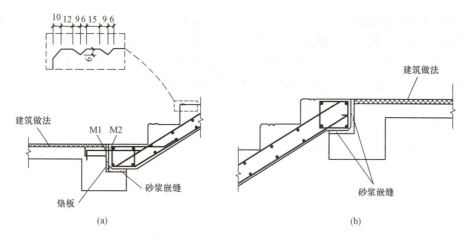

图 6.18 预制装配楼梯上、下连接点做法
(a)预制楼梯下连接点做法；(b)预制楼梯上连接点做法

6.5 装配式建筑门窗及其他细部构造设计

6.5.1 装配式建筑门窗类型及构造设计要求

1. 装配式建筑门窗设计原则

门窗是建筑外立面表现十分重要的一个元素，也是建筑节能中十分关键的环节。在现浇结构中，门窗多为后安装。但在装配式建筑中，门窗设计有一些特殊的要求，主要体现在洞口模数协调化、设计标准化、功能集成化、安装装配化和管控信息化五个方面。其他的相关设计、制造、安装、验收等与传统门窗产品基本一致。图 6.19 所示为装配式建筑门窗示意。

图 6.19 装配式建筑门窗示意

(1)洞口模数协调化。《装配式混凝土建筑技术标准》(GB/T 51231—2016)及其他相关规范标准中,均对门窗洞口模数作了明确要求:"装配式混凝土建筑的层高和门窗洞口高度等宜采用竖向扩大模数数列 nM。""门窗洞口宽度等宜采用水平扩大模数数列 $2n$M、$3n$M(n 为自然数)。""门窗部品的尺寸设计应符合现行国家标准《建筑门窗洞口尺寸系列》(GB/T 5824—2008)和《建筑门窗洞口尺寸协调要求》(GB/T 30591—2014)的规定。"

根据《建筑模数协调标准》(GB/T 50002—2013)的规定,基本模数的数值为 100 mm(1M 等于 100 mm),整个建筑物和建筑物的一部分以及建筑部件的模数化尺寸,应是基本模数的倍数。导出模数分为扩大模数和分模数,扩大模数基数应为 2M、3M、6M、9M、12M……,分模数基数应为 M/10、M/5、M/2。根据此规定,门窗洞口宽度应为 200 mm、300 mm 的整数倍,洞口高度应为 100 mm 的整数倍。根据少规格、多组合的原则,门窗的洞口模数建议进一步扩大为 3M 的整数倍,即 3M、6M、9M、12M、15M、18M。

(2)设计标准化。《装配式混凝土建筑技术标准》(GB/T 51231—2016)及其他相关规范标准中,对装配式建筑门窗标准化设计有如下规定:"装配式混凝土建筑应采用模块及模块组合的设计方法,遵循少规格、多组合的原则。""装配式混凝土建筑立面设计应符合下列规定:外墙、阳台板、空调板、外窗、遮阳设施及装饰等部品部件宜进行标准化设计。""外门窗应采用在工厂生产的标准化系列产品,并采用带有披水板等的外门窗配套系列部品。""部品部件尺寸及安装位置的公差协调应根据生产装配要求、主体结构层间变形、密封材料变形能力、材料干缩、温差变形、施工误差等确定。"

可以看出,门窗设计标准化应从以下几个方面进行:

1)门窗尺寸的标准化。门窗产品尺寸应对相应洞口尺寸进行减尺以保证正常安装。门窗传统的安装方式分为湿法安装和干法安装,湿法安装指无附框安装方式,而干法安装多指采用附框安装的方式。装配式建筑门窗的安装也可分为无附框安装方式和附框安装方式,其中附框安装方式又可分为预埋附框和后置附框。无附框安装和预埋附框安装时,洞口尺寸均为标准洞口尺寸,合理减尺即可;后置附框安装时,还应合理减去附框的尺寸。

2)分格的标准化。门窗分格一个最重要的考虑就是开启扇,因此建议首先确定开启扇的尺寸。对于平开窗,建议分格尺寸宽度为 600 mm,高度可选为 800 mm、1 000 mm、1 200 mm。其他分格可依据开启扇的尺寸确定。

3)安装构造的标准化。对装配式建筑而言,建议优先考虑预埋附框的安装方式。

(3)功能集成化。装配式建筑门窗作为建筑外围护构件,应集成传统的建筑门窗所应承担的主要功能。《装配式混凝土建筑技术标准》(GB/T 51231—2016)规定:"外围护系统应根据装配式混凝土建筑所在地区的气候条件、使用功能等综合确定抗风性能、抗震性能、耐撞击性能、防火性能、水密性能、气密性能、隔声性能、热工性能和耐久性能要求。"对于装配式建筑门窗,应综合考虑其抗风压性能、气密性能、水密性能、保温性能、遮阳性能、隔声性能、采光性能、耐久性能、防火性能等。因此,装配式建筑门窗设计时应综合考虑以上性能,应根据各地的指标要求进行性能和功能设计。

(4)安装装配化。《装配式混凝土建筑技术标准》(GB/T 51231—2016)规定:"装配式建筑的部品部件应采用标准化接口。""外门窗应可靠连接,门窗洞口与外门窗框接缝处的气密性能、水密性能和保温性能不应低于外门窗的有关性能。""预制外墙中外门窗宜采用企口或预埋件等方法固定,外门窗可采用预装法或后装法设计,并满足下列要求:采用预装法时,外门窗框应在工厂与预制外墙整体成型；采用后装法时，预制外墙的门窗洞口应设置预埋件。"

标准中所说的"预装法"规定外门窗框应在工厂与预制外墙整体成型，指的是直接将窗框预埋在外墙里，这种做法会导致外窗更换困难，不推荐采用。

装配式建筑门窗安装建议采用标准中提出的"后装法"，即外墙洞口设置预埋件的方式。该方法便于门窗更换。

(5)管控信息化。《装配式混凝土建筑技术标准》(GB/T 51231—2016)规定："装配式建筑设计宜采用建筑信息模型(BIM)技术，建立信息化协同平台，采用标准化的功能模块、部品部件等信息库，统一编码、统一规则，全专业共享数据信息，实现建设全过程的管理和控制。"作为装配式建筑重要的部品部件，建筑门窗也应建立统一编码、统一规则的信息库。该信息库应能给出洞口尺寸、外窗尺寸和分格、外窗的性能信息等，供建筑师选用。

2. 装配式建筑门窗设计要求

装配式建筑要求门窗洞口模数协调化、设计标准化、功能集成化、安装装配化和管控信息化，建筑门窗行业也应适应这一趋势。门窗行业的要求包括以下几个方面。

(1)门窗产品的系列化、标准化。门窗产品的系列化、标准化应从洞口的标准化、系列化入手。从建筑设计的角度简化门窗洞口尺寸选型。

根据安装方式来确定门窗的标准尺寸。装配式建筑建议采用预埋附框的方式，明确以附框内口构造尺寸作为双方统一的协调位置，用附框规范洞口精度。洞口完成尺寸见表6.2，误差可以控制在±1 mm以内，则对应洞口尺寸的门窗尺寸即可确定，见表6.3。

表6.2 装配式建筑门窗洞口尺寸

宽度/mm	高度/mm
1 200	600、1 200、1 500
1 500	600、1 200、1 500、1 800
1 800	600、1 500、1 800

表6.3 装配式建筑门窗参考标准尺寸

宽度/mm	高度/mm
1 180	580、1 180、1 480
1 480	580、1 180、1 480、1 780
1 780	580、1 480、1 780

门窗尺寸确定后，可确定门窗分格。一般建议平开门窗的开启窗尺寸宽度至少取为580 mm，高度至少取为780 mm。典型尺寸建筑门窗分格如图6.20所示。

(2)门窗制作工厂化。传统的建筑门窗制作是在工厂完成全部门窗框等组件，按照施工进度要求框、扇、玻璃顺序出厂运至工地安装，导致门窗最后的关键装配程序被迫在工地完成，工厂无法对成品进行检验，很难保证产品质量。对于装配式建筑，鼓励门窗厂采用

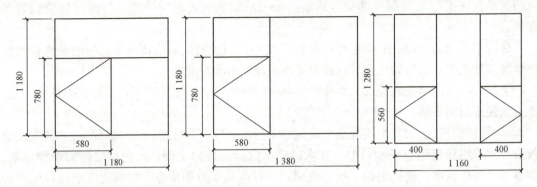

图 6.20 典型尺寸建筑门窗分格

装配式工厂的模式,门窗厂将检验合格的全部装配完成的门窗运至装配式工程,一次性安装完成,确保门窗产品的质量。

(3)门窗施工装配化。目前,我国装配式建筑门窗的安装与传统的附框安装方式基本一致,即在预埋附框洞口先安装门窗框,再装配玻璃和开启扇的方式,施工质量参差不齐导致门窗的性能难以有效保证。为保证装配式建筑门窗的安装质量,装配式建筑应向整体安装发展,这必然要求区别于传统门窗安装方式的新型安装方式出现。由于装配式 PC 外墙板的高温蒸养工艺会对门窗质量有很大影响,优先推荐后塞口的悬浮安装构造,优点是安装简单可靠、便于整体更换、避免温度变形的影响。可采用专用的安装适配器、专用附框等。

(4)门窗功能集成化。原则上,装配式建筑门窗应具备传统的透明围护结构的各种功能,如采光、通风等,因而需要具备各种必需的性能,如抗风压性能、气密性能、水密性能、保温性能、遮阳性能、隔声性能、采光性能、耐久性能、防火性能等。因此,与传统门窗一样,装配式建筑门窗应集成这些功能,同时门窗作为一个部品集成在墙体上,甚至可以整合最新的物联网技术的智能化门窗系统,受益于门窗产品的工厂化制造,应用在装配式建筑中。

(5)门窗产品信息化。由于装配式建筑要求采用建筑信息模型(BIM)技术,因此,装配式建筑门窗必然要求信息化。首先是建立统一的信息化平台,该平台应可将企业标准化的门窗产品统一编码,供广大相关人员选用。该信息平台还应提供门窗的相关分格图示、性能参数供选用。相关分格图示将应用于建立建筑信息模型(BIM);同时,要求该平台应给出不同窗型、不同尺寸门窗的物理性能数据,便于结合标准和设计要求选用。

装配式建筑的发展,必定会带来品质的提升,注重系统研究开发,注重综合品质的系统门窗企业将会迎合市场,注重装配式建筑门窗产品标准化系列化、制造工业化、施工装配化、功能集成化和产品信息化。

6.5.2 装配式建筑其他细部构造设计

1. 装配式建筑构造缝设计

(1)防震缝、伸缩缝和沉降缝应合并设置。防震缝的宽度:当设计烈度为 6 度或 7 度时,缝宽不少于 $H/300$;当设计烈度为 8 度时,缝宽不少于 $H/200$,并均不应小于 60 mm。

(2)在变形缝处必须设置双墙。

(3)全装配式建筑的伸缩缝的距离不应大于 65 m。

2. 装配式建筑预制阳台、雨篷、空调板等

预制阳台板为悬挑构件,有叠合式和全预制两种类型,其中全预制又分全预制板式和全预制梁式。空调板同属于悬挑板式构件,一般是全预制构件。

阳台板、空调板采用叠合构件或全预制构件,应与主体结构可靠连接;叠合构件的负弯矩钢筋应在相邻叠合板的后浇混凝土中可靠锚固,如图 6.21 至图 6.23 所示。

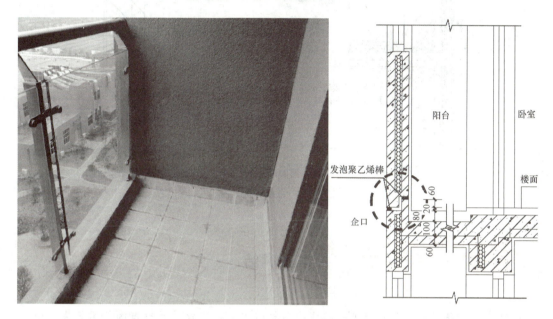

图 6.21 装配式建筑阳台做法(Z 形企口)

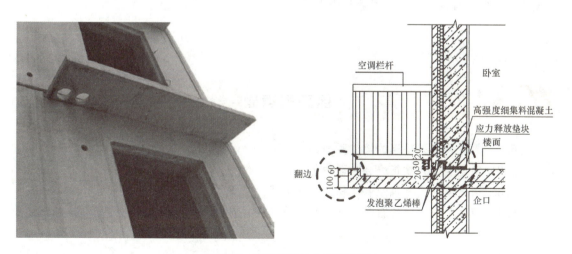

图 6.22 装配式建筑空调板做法

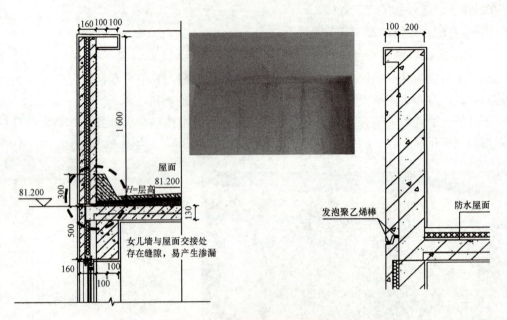

图 6.23 装配式建筑女儿墙做法

本章小结

装配式建筑预制构件可靠的连接方式与构造方式，直接关系建筑的使用效果、耐久性及美观程度。因此，在做装配式建筑设计时，要充分做好建筑各部分的构造设计，尤其是对关键部位的构造设计要进行优化。

复习思考题

6.1 简述装配式建筑的墙体类别。
6.2 简述装配式建筑叠合屋面的优点。
6.3 简述装配式建筑预制楼梯的安装方式。
6.4 简述装配式建筑预制阳台的构造连接方式。

第7章　装配式建筑的全装修

本章要点

了解装配式建筑全装修的概念，熟悉装配式建筑装修设计与施工。

住建部发布的《"十三五"装配式建筑行动方案》明确指出，推进装配式建筑装修全装修及菜单式装修模式，提倡干法施工，减少现场湿作业，推广集成厨房和卫生间、预制隔墙、主体结构与管线相分离等技术体系。推进建筑全装修，推行装配式建筑全装修成品交房，被作为推广装配式建筑发展的重要内容。"采用全装修"成为装配式建筑的一票否决项，明确了全装修在装配式建筑评价中的重要地位。不仅是"关键词"，更是"否决项"，在大力发展装配式建筑的过程中，推行全装修已是必然选择。

7.1　装配式建筑全装修概述

7.1.1　全装修的优势

装配式建筑装饰装修将大量工地作业移到工厂，大大降低了现场安全事故发生率。与传统的作业相比有如下优点。

1. 有利于提高施工质量

装配式装饰装修构件是在工厂里预制的，能最大限度地改善墙体开裂、渗漏等质量通病，并提高住宅整体安全等级、防火性和耐久性。

2. 有利于加快工程进度

效率即回报，装配式建筑比传统方式的进度快30%左右。

3. 有利于提高建筑品质

建筑业的优良品质，可使建筑产品长久不衰、永葆青春。室内精装修工厂化以后，可实现在家收快递，即拆即装，又快又好。

4. 有利于调节供给关系

全装修可以提高楼盘上市速度，减缓市场供给不足的现状，同时在行业普及以后，可以降低建造成本，可有效地抑制房价上升。

5. 有利于文明施工、安全管理

传统作业现场有大量的工人，全装修把大量工地作业移到工厂，现场只保留小部分工人，大大降低了现场安全事故发生率。

6. 有利于环境保护、节约资源

现场原始现浇作业极少，健康不扰民，从此告别"灰蒙蒙"。此外，钢模板等重复利用率提高，垃圾、损耗都能减少一半以上。

7.1.2 全装修是实现装配式发展内涵的必然途径

众所周知，当前住宅施工质量通病一直饱受诟病，如屋顶渗漏、门窗密封效果差、保温墙体开裂等，极大地影响了我国装饰行业的形象。究其原因，建筑业落后的生产方式直接导致施工过程随意性大，工程质量无法得到保证。而《"十三五"装配式建筑行动方案》中要求采取以工厂生产为主的部品制造取代现场建造方式，如此一来，工业化生产的部品部件质量得到保障；以装配化作业取代手工砌筑作业，能大幅减少施工失误和人为错误，保证施工质量；装配式建造方式可有效提高产品精度，解决系统性质量通病，减少建筑后期维修维护费用，延长建筑使用寿命。据统计，在我国住宅占全社会房屋建筑的70%以上，住宅领域理应成为实施装配式建筑的主战场。落实全装修、采用装配式建造方式，能够全面提升住房品质和性能，对于我国新型城镇化建设具有关键意义。而这一点，也符合发展装配式建筑的最终目的，即实现节能减排、减少环境污染、提升劳动生产效率和质量安全水平，为百姓提供更高品质、更优居住环境的建筑。

7.1.3 杜绝毛坯房，提升住房质量

"毛坯交房"在我国已有20余年的历史。"一手房就应是毛坯交房"的思想根深蒂固。老百姓认为毛坯在手，能够按着自己的想法装修，自己装修自己监工心里踏实；开发商也认为，"毛坯交房"避免了后续质量纠纷问题的产生。实际上，正是这20余年顺延下来的"毛坯传统"引发了住房诸多的隐患。首先，自行装修过程中，很多需求是原毛坯房设计和施工阶段没有考虑到的，为了达到装修后的效果和功能，对管线、设备、建筑构造、防水甚至结构等的大拆大改，部分案例中承重结构墙体、梁、柱、管线被严重破坏，造成极大的安全隐患，直接导致建筑品质下降；其次，二次拆改造成大量的材料、人工、时间的浪费，可以说是"劳民伤财"，堆积如山的建筑垃圾、不绝于耳的装修噪声、由此带来的邻里矛盾，恐怕是每个业主都有过的经历。

总而言之，"毛坯"引发的低水平建设造成了极大的人力、资源浪费，严重制约建设领域转型升级发展。毛坯交房虽有弊端但能让老百姓掌握"装修自主权"，统一的"全装修"会不会导致"千屋一面"？事实上，这里是对"装修"和"装饰"定义的混淆。"装修"，实际上包含了很多设备、管线、构造、结构、防水等重要的工程分部分项内容，绝不是简单意义上的软"装饰"。尤其是装配式建筑强调的"全装修"，是以住宅装修工业化生产、提高现场装配化程度，减少手工作业，开发和推广新技术为目的，立足于部品、部件的工业化生产，其特征为多使用标准化的部品、部件。与落后的手工作业施工工艺不同，装配式施工减少

了大量现场手工作业，施工工人按照标准化的工艺安装，从而大大提高装修质量和品质。放眼世界，欧美及日本等发达国家市场上在售住宅基本都是全装修房，装修部品化程度高，促使内装工业化同步发展。因此，工厂化装配式装修生产方式对于建筑产业化的发展将产生巨大的推动作用，住宅建设从大量建造到追求功能品质不断提升的过程中，其建设模式与建造方式的转型升级将促进社会可持续发展。图7.1所示为传统装修与全装修现场对比。

图7.1 传统装修与全装修现场对比

7.1.4 全装修产业链前景

全装修时代的到来为我国建材工业创造了新的发展机遇，同时提出了更高的要求。一方面，建材工业需能紧密对接装配式建筑需求，与产业链上下游紧密联系，转变思维模式与商业模式，从单打独斗变为携手创新；另一方面，建材生产商需提升技术创新能力，应对市场需求，生产出能够满足装配式建筑所需的绿色、集成的建材部品。

目前，随着国家政策的整体布局，各地政府纷纷响应，政策红利不断释放。例如，《浙江省人民政府办公厅关于推进绿色建筑和建筑工业化发展的实施意见》指出，全省各市、县中心城区出让或划拨土地上的新建住宅，全部实行全装修和成品交付，鼓励在建住宅积极实施全装修；推行土建、装修设计施工一体化和厨卫安装一体化，推广装配式装修技术和产品，实现内装部品工业化集成建设等利好信息。浙江省的全装修政策推出对其他省份产生示范效应，全装修布局领先将充分受益。而随着全装修布局的铺开，全装修住宅质量提升也走上快速路。以开展效果显著的上海为例，此前，上海市住建委《关于装配式建筑单体预制率和装配率计算细则（试行）的通知》文件将全装修和内装工业化计入装配率，极大地促进了全装修与装配式同步发展，诸多房企也顺势采用工业化解决方案来解决全装修质量通病。据调查，上海住宅产业化技术平台对于30个交付的全装修楼盘、超千户家庭中，上海全装修住宅业主满意度指数已达到81.15。上海住宅产业化技术平台相关负责人在接受媒体采访时表示："上海部分楼盘在装配式建筑同步实施全装修以后，渗漏、保温和隔声等有了明显改善。"据全装修住宅业主满意度调研，2016年墙体保温与隔声满意度82.79，同比上升6.44%；2016年门窗保温与隔声84.31，同比上升4.42%。采用PC工艺，建造过程中的误差从厘米级减小到毫米级，有效地改善了墙体与窗户间漏水问题；PC外墙比传统墙面多一层噪声过滤，并且与保温一体化，保温隔声效果非常好。

房企闻风而动，迅速反应，一系列新的建筑建材工艺有了施展空间，如宝业·爱多邦，是自动化流水线智能制造的 PC 全装配式住宅小区，实现了柔性化生产、可变空间、内装及外装工业化、BIM 应用等方面的技术；朗诗·新西郊外窗采用被动式建筑的外悬安装方式，部分内墙采用轻钢龙骨隔墙体系。整合了被动式建筑标准的外围护体系、毛细管天棚辐射、三级过滤的全置换新风系统……政策推动和房企的积极响应，促使全装修房进入发展快速路，一系列创新技术的建材产品得以"飞入寻常百姓家"，得益的是广大业主，即在我国新城镇化建设不断推进过程中的广大消费者。

7.2 装配式建筑全装饰装修设计

装配式建筑装饰装修设计与施工过程必须建立在模数化、部品模块化、设计标准化及施工装配化基础之上，实现建筑、结构、设备管线一体化。其中，模数化是核心，模块化是基础。

7.2.1 装配式建筑装修的设计要求

1. 正向设计

装配式建筑装修设计与传统建筑装修的最大区别在于装修深化设计与建筑设计同步，必须实现建筑、结构、设备等一体化设计。在工程实际过程中，可以利用建筑信息模型技术（BIM），基于部品部件模型族库的设计，在建筑空间内实现装修布局、功能、风格的正向设计。通过设计系统仿真验证，实现设计过程中的专业协调，并指导后续施工及管理。

2. 模数化

模数化即在设计中采用共同的模数，制定一个通用的系统规范以控制各部品的尺寸。模数化是设计标准化和部品标准化的前提和基础，国家标准《建筑模数协调标准》（GB/T 50002—2013）对建筑模数、优先尺寸、模数协调等有明确规定，企业应根据设备及研发实际，制定统一的参照模数，有利于提高部品标准化程度、减少材料损耗，更有利于产品推广，提升建筑品质。

3. 部品模块化

形成系统化、标准化的装饰部品，推行通用部品体系，实现部品通用化和供应商品化。部品模块化有利于工业化规模生产，而且标准模块化程度越高，建筑装修适应范围越广。在部品模块化的同时，尽可能实现不同位置、不同类型产品的通用和互换，进而减少部品种类和规格，不仅省时、省力、统一、规范，也能基本消除传统施工现场手工湿作业的施工方式，便于应用和推广。

4. 设计标准化

设计标准化能使装饰装修在功能上或其他性能上彼此协调并保持设计风格的一致性，使整个装饰设计具有简洁、统一、通用及组合的特点。

5. 施工装配化

装配式建筑装修施工采用了大量工厂化制作的标准化部品、部件，工作步骤简化成标准的安装或组装部品，加快了施工速度，降低了施工劳动强度。

7.2.2 装配式建筑装修部品设计与选型

1. 装配式隔墙设计

装配式隔墙目前主要有装配式隔墙条板系统、装配式隔墙大板系统、装配式骨架夹芯隔墙板系统。这三种墙体的共同特征是墙板内均有空腔，因而可在墙体空腔内敷设给水分支管线、电气分支管线及线盒等。装配式骨架夹芯隔墙板具有系统更加轻量化、组装更灵活、连接全干法等优势，便于各种环境和区域的推广。由于存在空腔，三种墙体在需要固定或吊挂物件时，需采取可靠的固定措施。

2. 装配式墙面设计

装配式墙面通过可靠的连接构造与墙体结合牢固，墙面的饰面层应在工厂整体集成。目前，带有自饰面的装配式墙面主要有自饰面硅酸钙复合板墙面、自饰面石膏板墙面、自饰面金属墙板、木塑墙板、竹碳纤维墙板等在工厂一体化集成饰面的墙面。设计时，优先选用标准规格的墙板尺寸。墙板之间可以设计预留构造缝，也可以通过专用连接构造实现精细密拼。

3. 装配式吊顶设计

装配式吊顶在结构楼板之下，通过上部与楼板吊挂或者通过与墙体支撑预留顶部架空层，便于敷设管线，优先采用免吊杆的装配式吊顶支撑构造。当需要安装吊杆或其他吊件及一些管线时，应提前在楼板（梁）内预留预埋所需的孔洞或埋件。装配式吊顶宜集成灯具、浴霸、排风扇等设备设施。顶板符合标准规格模块的前提下，尽量减少顶板数量，以便减少拼缝。常用的吊顶连接构造有明龙骨与暗龙骨两种，常用的顶板有石膏板、矿棉板、硅酸钙复合顶板、铝合金扣板和玻璃等。

4. 装配式楼地面设计

装配式楼地面必须是免抹灰的干式工法地面，实现地面找平与装饰功能。根据支撑构造不同，其有型钢复合架空模块体系、树脂螺栓整体架空体系、抗静电地板体系和非架空自流平等形式。对于架空构造，装配式楼地面架空层高度应根据管线交叉情况进行计算，结合管线进行综合设计，同时楼地面宜设置架空层检修口；对于有采暖需求的空间，宜采用干式工法实施的地面辐射供暖方式；地面辐射供暖宜与装配式楼地面的链接构造集成；有防水要求的楼地面，应低于相邻房间楼地面20 mm或做不低于20 mm的挡水门槛，门槛及门内外高差应以斜面过渡。

5. 集成内门窗选用

集成内门窗宜选用工厂集成制造的铝合金、塑钢、实木、实木复合、硅酸钙复合板等内门、门套、窗套，优先选用成套化、标准化、参数化、系列化的内门窗部品，特别是在工厂已经将五金、配饰等高度集成的内门、门套、窗套。

6. 集成式卫生间设计

集成式卫生间与整体卫浴不同，可以不受限于具体的长度、宽度、任意规格、形状的卫生间布局都可以集成定制。集成式卫生间应采用可靠的防水设计，楼地面宜采用可定制尺寸规格整体防水底盘，门口处应有防止积水外溢的措施，建议采用干湿分离式设计。卫生间的各类水、电、暖等设备应设置在架空层内并设置检修口；建议采用同层排水，便于检修和避免对下一层的干扰；设计时应进行补风设计，对于设洗浴设备的卫生间应做等电位联结。集成式卫生间的整体防水底盘，有热塑复合、热固复合等不同材质。

7. 集成式厨房设计

集体式橱柜应与墙体可靠连接，建议与装配式墙面集成设计。厨房的各类水、电、暖等设备应设置在架空层内，并设置检修口；厨房油烟排放建议采用同层直排的方式，并应在室外排气口设置避风、防雨和防止污染墙面的构件。

8. 整体收纳设计

整体收纳设计应考虑基本功能空间布局及面积、使用人员需求、物品种类及数量等因素，采用标准化、模块化、一体化的设计方式，所有产品部品现场组装，不得在现场加工。

9. 其他内装部品设计

在装饰设计中还包含窗帘盒（杆）、窗台板、顶角线、踢脚线、阳角线、检修口、户内楼梯、护栏、扶手、花饰等，这些部品应与相连的内部部品同步设计，建议选用满足干式工法的成套化产品。

7.2.3 设备管线部品选型与设计

在装配式建筑装饰装修设计时，管线工程的最低设计年限要满足规范要求。集中管道井宜设置在公共区域，并应设置检修口，尺寸应满足管道检修的空间要求，所有管线均不得预埋或剔槽后埋入结构体。

1. 快装给水系统设计

室内给水系统推荐采用分水器的并联供水设计。入户管、干管、户用水表至分水器的管段宜采用金属给水管、金属复合管、塑料管材；分水器至用水器具的给水支管管段应采用柔韧性较好的塑料给水管或铝塑复合管；分水器至用水器具之间的管段应无接口；热水系统应采用热水型分水器及热水型管材、管件；冷水系统应采用冷水型分水器及冷水型管材、管件；两者不得混用。

在各分支接口之间的给水支管、分支管宜采用整根管，分支接口应设置在易检修的位置；冷水、热水、中水等支管、分支管应采用不同颜色或标识进行区分；敷设在架空层内的热水管道宜采取相应的保温措施，敷设在架空层内的冷水管道应采取相应的保温防结露措施。

2. 同层排水系统设计

同层排水可以有降板体系和不降楼板薄法架空体系两种。它们都是在本户结构空间内布置横向排水管支管、主管，排水管道管件应采用45°转角管件，横向主管出墙汇集到公区的排水立管。排水立管宜集中布置在公共管井内。同层排水方式，管与管件连接采用承插式密封圈构造,降低漏水的可能性;并在架空层的低位进行积水排除设计。

3. 供暖设备及管线设计

建议采用干式工法实施的地面辐射供暖方式;地面辐射供暖宜与装配式楼地面的连接构造集成;分集水器宜与内装部品集成设计。

4. 室内通风设计

卫生间应设置机械通风设施;厨房应设置机械通风设施,并应同时设置供厨旁房间全面通风的自然通风设施;竖向烟风道宜采用工厂生产的标准化部品。

5. 电气设备及管线设计

电线接头宜采用快插式接头,接头应满足用电安全要求;电气线路及线盒宜敷设在架空层内,面板、线盒及配电箱等宜与内装部品集成设计;强、弱电线路敷设时不应与燃气管线交叉设置;当与给水排水管线交叉设置时,应满足电气管线在上的原则。

7.2.4 其他设计规定

对于居住建筑室内装配式装修设计应符合《建筑内部装修设计防火规范》(GB 50222—2017)的相关要求,其中要求架空层不应穿越有耐火性能要求的部位,内装部品设计应避免出现弱化防火性能的构造做法,厨房装配式墙面、吊顶及楼地面装修材料应采用 A 级防火材料;居住建筑室内装配式装修设计应符合国家有关建筑装饰装修材料有害物质限量标准的规定,并应符合现行国家标准《民用建筑工程室内环境污染控制规范(2013 年版)》(GB 50325—2010)、《住宅设计规范》(GB 50096—2011)中关于住宅室内污染物限值的相关规定。

7.3 装配式建筑装饰装修设计实施

(1)在传统建筑装饰设计手法的基础上,采用以部品为核心的三级模块分解模式,将户型空间的装饰部件产品从空间模块中剥离出来形成部品模块,如图 7.2 所示。

(2)根据装配式建筑装饰功能,将分解的各个部品模块按地面系统、墙面系统、吊顶系统、卫生间系统、厨房系统、门窗系统、收纳系统等分类,形成部品模块系统,如图 7.3 所示。

(3)将部品模块进行编码处理,由工厂进行统一生产加工,最后运至现场装配,完成整个装配式建筑装饰工程项目。

装配式建筑装饰设计就是在模数协调原则下进行部品模块化、整体标准化设计,将功能相关联的设计部品一同进行设计,使其成为一个统一的整体,在工厂统一进行加工成型,在施工现场统一拼装完成的一种设计手法。

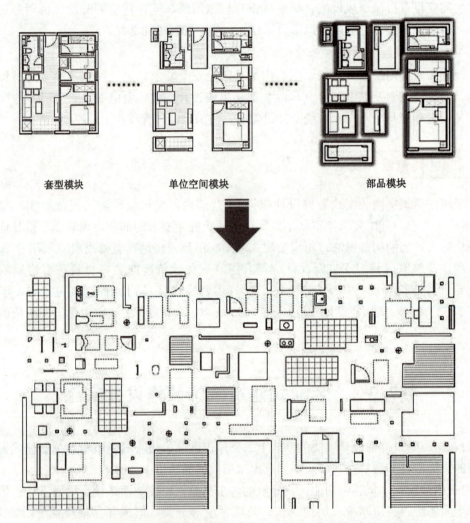

图 7.2 装配式建筑装饰设计三级模块分解模式图

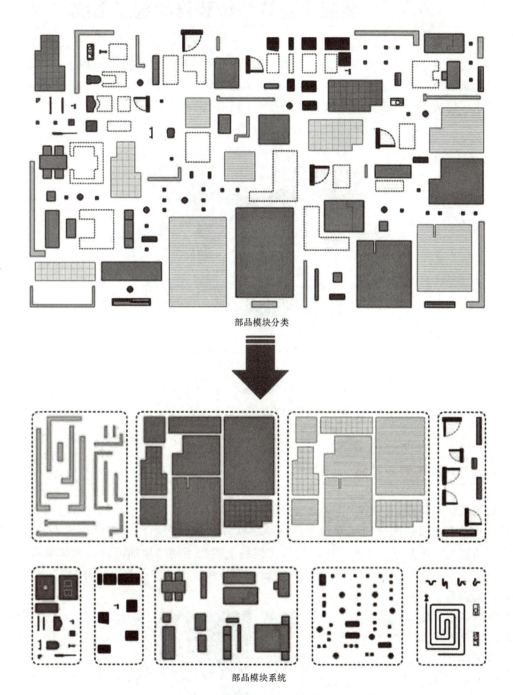

图 7.3 装配式建筑装饰设计部品模块系统分类图(见彩插)

7.4 装配式建筑装饰装修的施工系统

为了实现装配式建筑在装饰施工过程中的施工现场工厂化、施工过程干法化的特点，装配式建筑装饰施工系统主要包括集成地面、集成墙面、集成吊顶、生态门窗、快装给水、薄法排水、集成卫浴、集成厨房八大施工安装系统（图7.4）。

图7.4 装配式建筑装饰施工系统图

7.4.1 集成地面系统

装配式建筑集成地面系统以模块化快装集成采暖地面系统为主，其基本构造是在结构地板的基础上，以地脚螺栓架空找平，在地脚螺栓上铺设轻质地暖模块作为支撑，找平、结合等功能为一体的复合功能模块，然后在模块上附加不同的地面面材，整体形成一体的新型架空地面系统（图7.5）。该种地面系统既规避了传统以湿作业找平结合的工艺中的多种问题，又满足了部品工厂化生产的需求。

图7.5 模块化快装集成采暖地面安装示意图

当整个地面系统设计高度为 110 mm 时，居室、厨房及封闭阳台模块化快装采暖地面结构如图 7.6 所示，卫生间模块化快装采暖地面结构如图 7.7 所示，地暖模块剖面做法如图 7.8 所示。

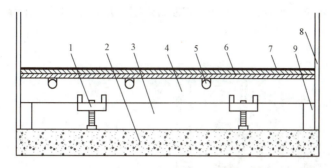

图 7.6　居室、厨房及封闭阳台模块化快装采暖地面结构图

1—可调节地脚组件；2—结构楼板；3—架空层；4—地暖模块；
5—16×2 mmPE—RT 管，间距 150 mm；6—平衡层；7—饰面层；8—墙面；9—边支撑龙骨

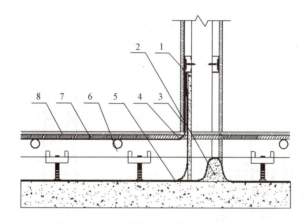

图 7.7　卫生间模块化快装采暖地面结构图

1—250 mm 高防水坝；2—止水门槛；3—PE 防水防潮隔膜；4—PVC 防水层；
5—聚合物水泥防水层；6—地暖模块；7—平衡层；8—饰面层（涂装板）

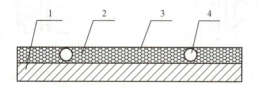

图 7.8　地暖模块剖面图

1—地暖模块骨架；2—保温层；3—镀锌钢板；4—16×2 mmPE—RT 管

7.4.2　集成墙面系统

装配式建筑装饰集成墙面系统的施工目前主要有快装轻质隔墙系统和快装墙面挂板系

统两种方式。快装轻质隔墙系统是以轻钢龙骨隔墙体系为基础，饰面材料为涂装板，既满足了空间分隔的灵活性，也替代了传统的墙面湿作业，实现了隔墙系统的装配式安装（图7.9至图7.11），其中根据国家规范对卫生间防水的要求，以及考虑到卫生间实际使用情况，卫生间墙面系统在龙骨内侧会加装PE防水层，保证空间的防水性，在接缝处做特殊防水处理。

图7.9 快装轻质隔墙安装示意图

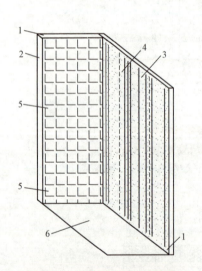 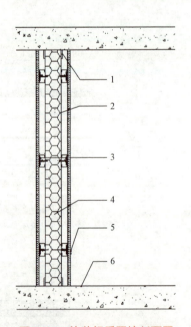

图7.10 快装轻质隔墙结构图
1—天地龙骨；2—竖向龙骨；3—横向龙骨；
4—填充岩棉；5—涂装板；6—结构楼板

图7.11 快装轻质隔墙剖面图
1—天地龙骨；2—竖向龙骨；3—横向龙骨；
4—填充岩棉；5—涂装板；6—结构楼板

快装墙面挂板系统是在传统墙面上以丁字胀塞及龙骨找平，在找平构造上直接挂板，形成装饰面（图7.12），从而替代了传统的墙面湿作业，实现了饰面材料的装配式安装，提高安装效率和精度。

图 7.12 快装墙面挂板系统安装示意图

7.4.3 集成吊顶系统

装配式建筑集成吊顶系统的安装方式主要结合轻质隔墙系统，采用专门支撑龙骨，将轻质吊顶板以搭接的方式布置于现有墙板上，不与结构顶板做连接，不破坏结构、施工便捷、施工效率高、易维护(图 7.13、图 7.14)。

图 7.13 集成吊顶安装示意图

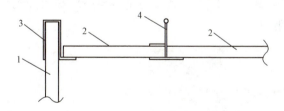

图 7.14 集成吊顶结构图

1—墙面板；2——吊顶板；3—几字形铝合金龙骨；4—上字形铝合金龙骨

7.4.4 生态门窗系统

装配式建筑生态门窗系统主要从门窗结构和用材上入手。在结构用材上，门窗套和门窗边扇包边采用高科技铝镁钛合金材料,表面采用阳极氧化处理,从而提高传统门窗在耐磨、耐压,防变形和防褪色方面的性能。门窗框结构采用整体压铸铸造而成,从而达到无缝隙、密封、隔声的效果。门窗玻璃采用 Low-E 玻璃,降低门窗的导热系数,提高门窗的保温隔热性能。在安装方面可采用墙板集成化安装(图 7.15)或墙板预留槽安装,选择 L 形安装件,门窗采用 JS 防水施工,表面墙体采用保温胀塞的安装方式(图 7.16)。

图 7.15 墙板集成窗户安装方式

图 7.16 墙板预留槽窗户安装方式

7.4.5 快装给水系统

装配式建筑快装给水系统是布置于结构墙体与饰面层中间采用即插式给水连接件连接的一种安装方式(图 7.17、图 7.18),该安装方式既满足了施工规范要求,又减少了现场的工作量,避免了传统连接方式的耗时及质量隐患等问题。

7.4.6 薄法排水系统

装配式建筑薄法排水系统是在同层排水系统中,将 HDPE 或 PP 排水管材用橡胶圈承插方式连接的一种安装方式(图 7.19),其目的是将架空层高度降到合理使用的最低值,同时便于现场施工和后期维护。

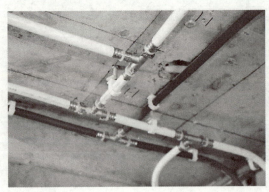
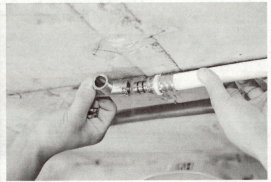

图 7.17 快装给水系统安装方式

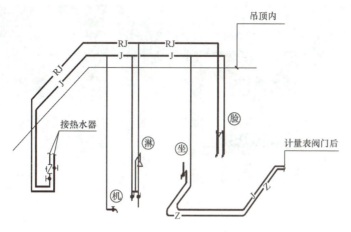

图 7.18　快装给水系统图

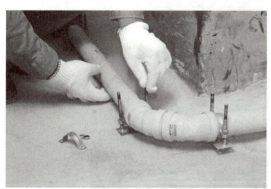

图 7.19　薄法排水系统安装示意图

7.4.7　集成卫浴系统

卫生间平面功能分区宜合理，应该符合模数要求。卫生间上下宜相邻布置，便于集中设置竖向管线、通风道及通风设备。同层给排水管线、通风管线和电气管线等的连接，应在预留的空间内安装。卫浴地面的完成高度应低于套内地面高度，并且在给水排水、电气等系统预留的接口处设置检修口。图 7.20 所示为集成卫浴系统示意图。

7.4.8　集成厨房系统

集成厨房是装配式住宅建筑内部部品工业化技术的核心部品之一，为满足工业化生产及安装要求，应该与建筑结构一体化设计、同步施工。模块化的厨房部品，能全部实现工厂化整体制作和加工，然后运至现场拼装，达到集成化建造。装配式住宅的厨房设计宜上下相邻布置，以便于集中设置竖向管线、通风道及通风设备。同时在设计过程中，设计者应考虑与建筑主体结构及机电管线接口的标准化（图 7.21）。

图 7.20　集成卫浴系统示意图

图 7.21　集成厨房系统示意图

7.5　装配式建筑装饰装修案例——三峡国际 51 LOFT 样板间

1. 项目概况

三峡国际 51 LOFT 项目位于两江新区龙兴两江智慧生态城步行街（悦荟城步行街）旁，是建筑面积为 30～60 m² 的公寓。样板间亮点十足，它也是重庆首个全装配式内装项目。

工人于 2018 年 12 月 16 日进场，31 日全部完工，仅用 15 天就完成了两套 LOFT 的精装修。这两套精装房的装配式内装施工是由三峡国际企业园携手重庆凯德伦装配式建筑科技有限公司、达沃家居木作定制、达沃空间软装共同打造，是目前重庆首个利用全装配式工艺完成的"无甲醛"室内精装修项目（DAVO 达沃家居参与木作橱柜衣柜板块，DAVO 达沃空间设计担纲本项目的软装设计与实施）。

整个室内精装修工程分为室内地坪系统、室内墙面系统、室内吊顶系统、室内管线系统、室内厨卫系统和室内智能化系统六大系统。将复杂的现场工程材料组合变为工厂生产成品，从多专业协同施工变为流程化安装组织，即装即住还能做到无甲醛。老房子装修、维修、整改不用搬家不用整体拆改，哪块坏了换哪块，哪个风格颜色不喜欢换哪个部位，不用担心装修污染致病。

2. 设计图纸

（1）户型 A：实得面积约 85 m^2（图7.22、图7.23）。

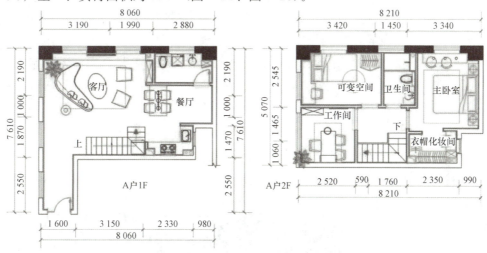

图7.22　户型A平面布置图

图7.23　户型A效果图

(2)户型 B：实得面积约 75 m²（图 7.24、图 7.25）。

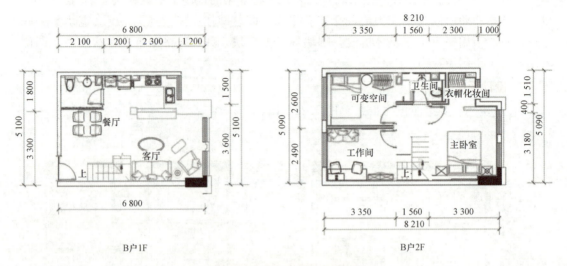

图 7.24　户型 B 平面布置图

图 7.25　户型 B 效果图

复习思考题

7.1 装配式建筑装修有哪些优势?
7.2 装配式建筑装修设计有哪些要求?
7.3 装配式建筑装饰施工主要包括哪些系统,每个系统目前现状如何?

第8章 装配式建筑设计案例解析——以珠海时代天韵花园为例

> **本章要点**
>
> 通过以上几个章节的内容,我们学习了装配式建筑设计的要点和方法,那么,在实际的装配式建筑项目的设计中,我们如何实践呢?以下结合工作案例作以讲解。

8.1 项目概况

时代天韵花园项目规划用地位于珠海市斗门区黄杨河以东、桥湖路东侧。地形基地现状主要为裸露的荒地,地形内部平缓。东侧、西侧及南侧临规划路,与规划路高差较大,北侧为现状民居,西侧为民居,日后为规划路(图8.1)。

图8.1 项目整体鸟瞰图

该项目规划总用地面积为23 712.15 m²，总建筑面积为79 965.39 m²，计算容积率面积为59 278.9 m²。其中，住宅建筑面积为54 926.80 m²，商业建筑面积为2 948.12 m²，公共配套（含公共厕所、物业管理用房、社区用房、配电房、消防控制室、人防报警间）建筑面积为1 338.18 m²。

本项目由5栋住宅单体塔楼，1栋商业公建配套和1层地下室组成，5栋塔楼全部实施装配式，一次性开发。装配式住宅面积为43 837.72 m²。高度：1栋、2栋、3栋和5栋均为75.050 m，4栋为69.150 m。层数：1栋、2栋、3栋和5栋均为24层，4栋为22层。本项目标准层采用铝模及爬架施工方式。采用的预制构件有预制外墙板（含凸窗）、预制阳台（含叠合）、预制空调板、预制楼梯、预制内隔墙条板。本项目标准层采用铝模及爬架施工方式，符合珠海市装配式建筑单体预制率≥20%、装配率≥40%的要求。

8.2 项目装配式建筑设计

8.2.1 装配式建筑标准化设计

（1）户型模块标准化。本项目设计符合标准化设计、工厂化生产、装配化施工、一体化装修和信息化管理的装配式建筑基本特征。1栋住宅部分仅一个标准层，标准层层数为3～24层，标准层预制率为20.43%，装配率为55.12%；2栋、3栋住宅部分仅一个标准层，标准层层数为3～24层，标准层预制率为22.61%，装配率为57.32%；4栋住宅部分仅一个标准层，标准层层数为3～22层，标准层预制率为21.32%，装配率为56.14%；5栋住宅部分仅一个标准层，标准层层数为3～24层，标准层预制率为21.32%，装配率为56.14%。2层将延续3层构件做法采用预制外墙和预制楼梯，以确保适宜预制的位置均采用预制装配技术。

为发挥工业化优势，通过减少楼栋类型，减少户型种类，最大限度地增加标准单元楼层数量。本项目由4种标准套型组成所有塔楼单体。1栋塔楼采用3种标准套型，标准层楼层（3～4层）全部考虑实施装配式。2栋和3栋塔楼高度一致，平面镜像，采用3种标准套型，标准层楼层（3～24层）全部考虑实施装配式。4栋和5栋塔楼标准层相同，仅层数不同，采用3种标准套型，标准层楼层（4栋3～22层，5栋3～24层）全部考虑实施装配式。从而保证整个项目的户型标准化程度较高。

户型平面规整，采用统一模数协调尺寸，基本单元采用3M模数设计，符合现行国家标准《建筑模数协调标准》（GB/T 50002—2013）的要求；结构主要墙体保证规整对齐，使结构更加合理，同时减少PC构件转折。结合设计规范、项目定位及产业化目标等要求，项目共计4种套型，组合成3种单体户型（图8.2）。其中4种户型平面及BIM模型如图8.3至图8.6所示。

（2）预制构件标准化。预制构件设计必须做到标准化、系统化、简单及易于施工操作。预制凸窗、预制阳台和预制楼梯的拆分符合模数化标准化设计原则，做到尽量统一。

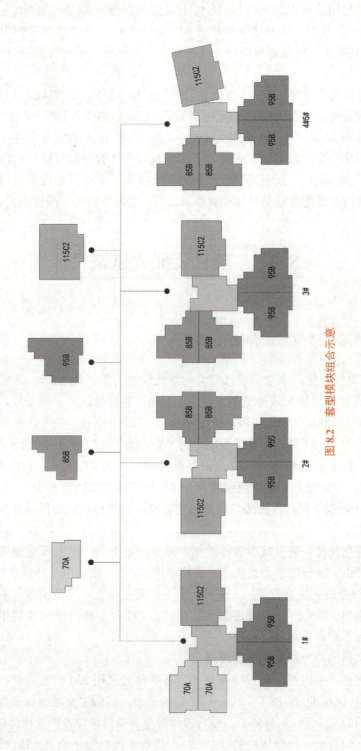

图 8.2 套型模块组合示意

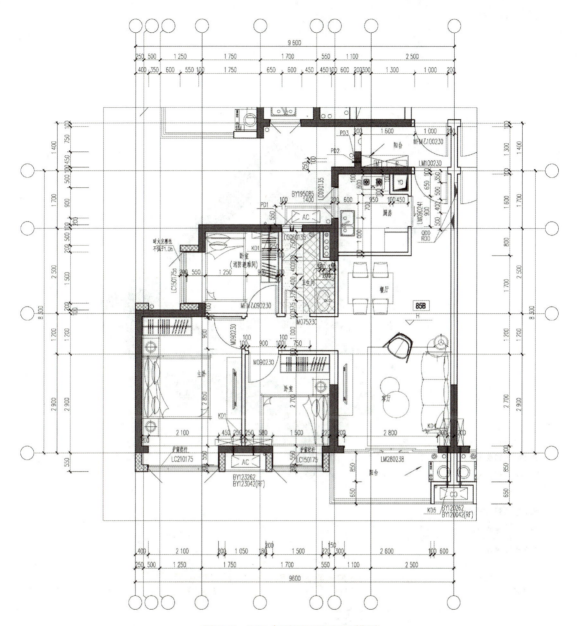

图 8.3 85B 户型平面及 BIM 模型

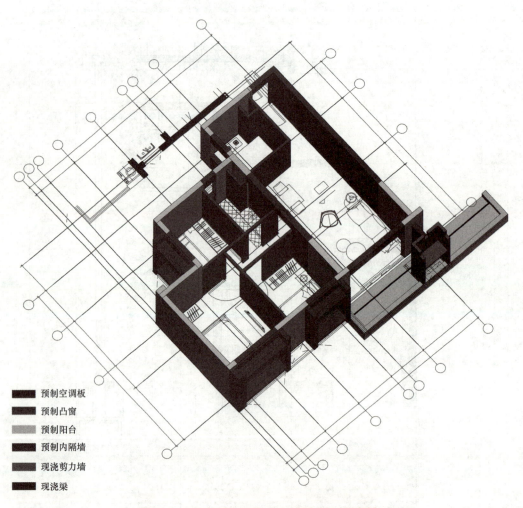

图 8.3 85B 户型平面及 BIM 模型(续)(见彩插)

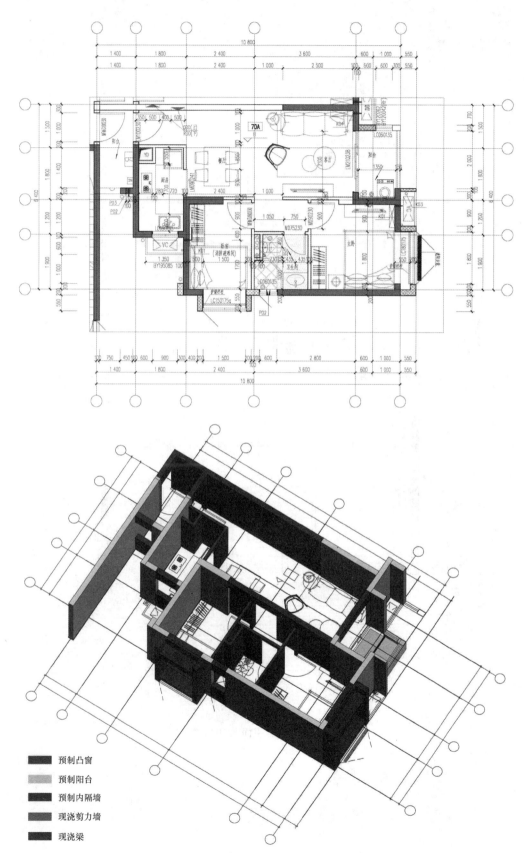

图 8.4　70A 户型平面及 BIM 模型（见彩插）

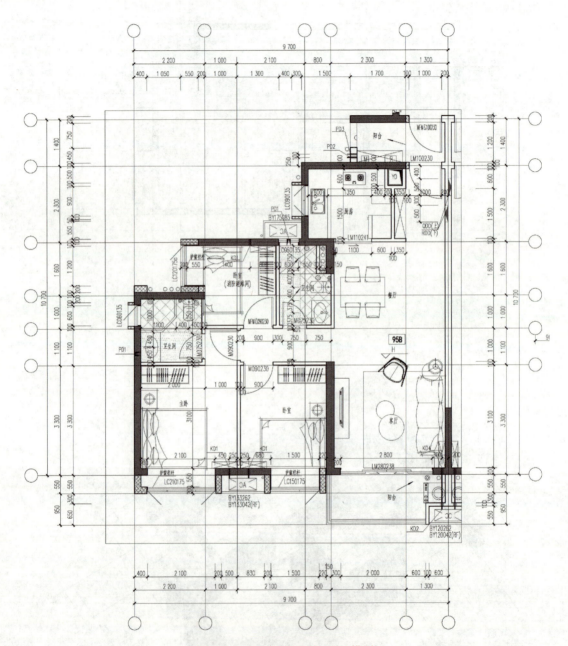

图 8.5 95B 户型平面及 BIM 模型

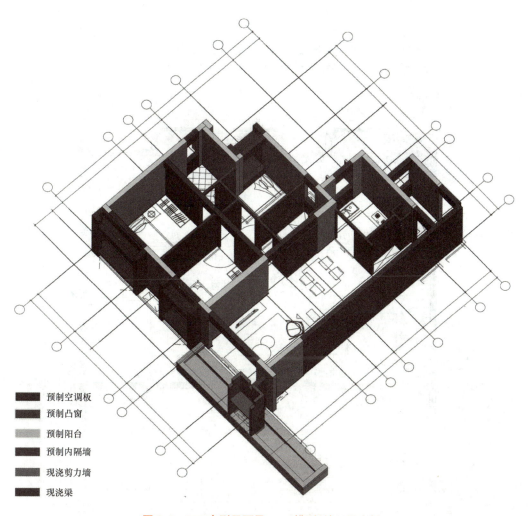

图 8.5 95B 户型平面及 BIM 模型(续)(见彩插)

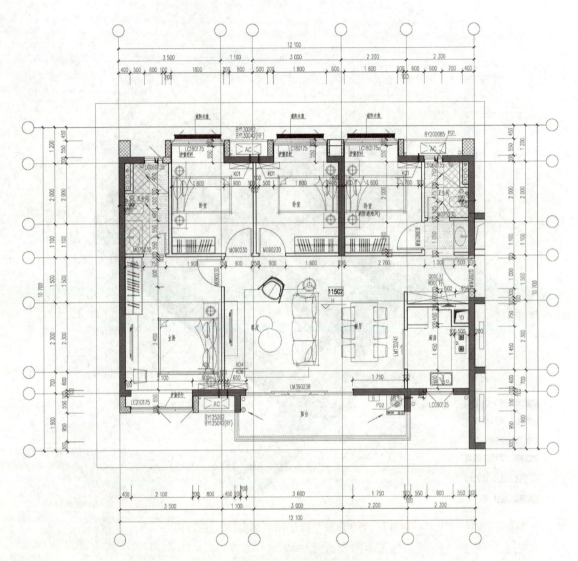

图 8.6 115C2 户型平面及 BIM 模型

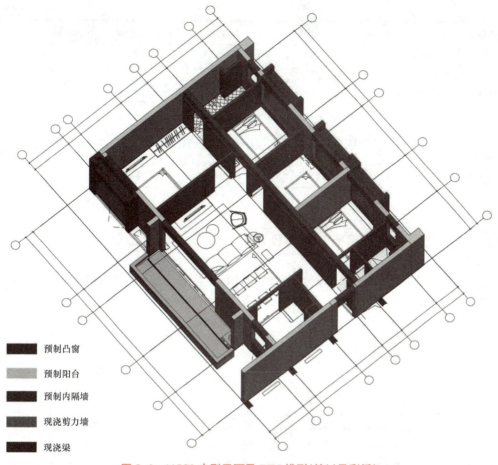

图 8.6　115C2 户型平面及 BIM 模型(续)(见彩插)

本项目共使用 10 种预制凸窗、4 种预制阳台构件、1 种预制楼梯构件、1 种预制空调板，综合考虑了构件的拆分合理、模具的周转次数最大化等因素。构件数量统计表见表 8.1。

表 8.1　构件数量统计表

构件类型	尺寸/mm	编号	数量	单个体积/m³	单个质量/t	总数量
预制飘窗	2 700×2 930	YWQ—1	316	1.31	3.275	1 762
	2 700×2 930	YWQ—1(R)	203	1.31	3.275	
	1 900×2 930	YWQ—2	452	1.03	2.575	
	1 900×2 930	YWQ—3	90	1.03	2.575	
	1 900×2 930	YWQ—3(R)	90	1.03	2.575	
	1 600×2 930	YWQ—4	113	0.96	2.4	
	1 600×2 930	YWQ—4(R)	113	0.96	2.4	
	2 400×2 930	YWQ—5	136	1.23	3.075	
	2 400×2 930	YWQ—5(R)	23	1.23	3.075	
	2 160×2 930	YWQ—6	226	1.02	2.55	

续表

构件类型	尺寸/mm	编号	数量	单个体积/m³	单个质量/t	总数量
预制阳台	7 350×1 510	YYT-1	194	2.4	6	346
	5 650×1 510	YYT-4	108	1.44	3.6	
	2 560×1 510	YYT-5	22	0.687	1.718	
	2 560×1 510	YYT-5(R)	22	0.687	1.718	
预制楼梯	5 220×1 160	YLT-1	226	1.66	4.15	226
预制空调板	1 400×650	YKT-1	194	0.7	1.75	194

8.2.2 装配式建筑平面、立面设计

装配式建筑平面与立面设计较传统建筑设计，更注重建筑的标准化设计及标准化构件的利用。以1#楼设计图纸为例，如图8.7至图8.10所示。

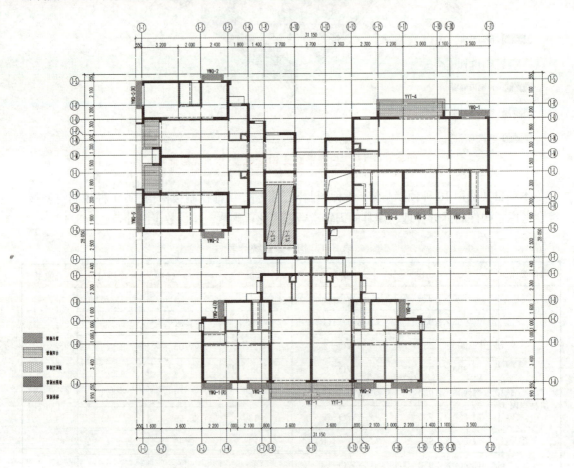

图8.7 1#楼标准层预制构件及预埋件平面定位图

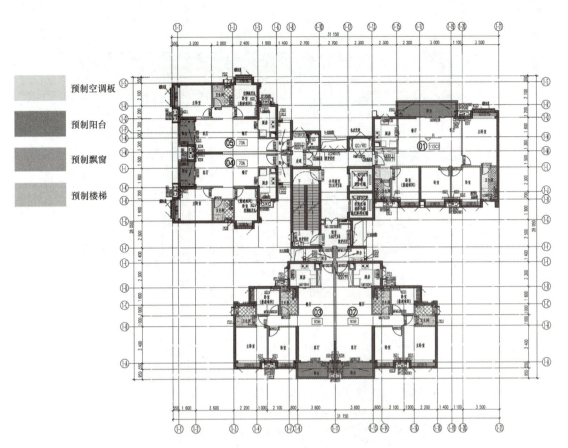

图 8.8　1#楼标准层平面图(见彩插)

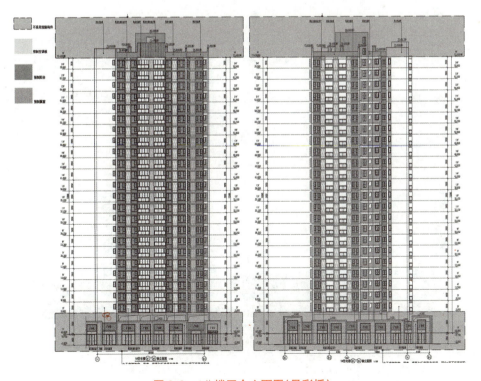

图 8.9　1#楼四个立面图(见彩插)

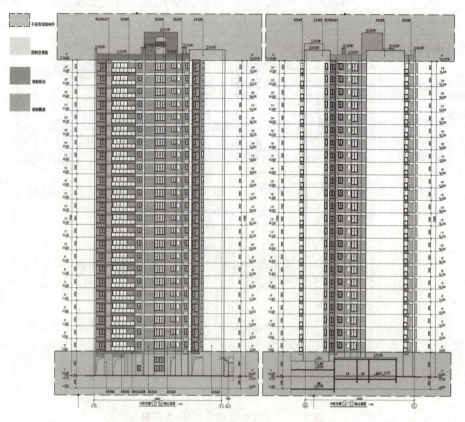

图 8.9　1#楼四个立面图(续)(见彩插)

图 8.10　1#楼建筑效果图

8.3 项目 BIM 设计

本项目综合考虑装配式建筑特点,在项目建造过程中结合实际项目情况,综合应用 BIM 信息化技术,辅助项目顺利进行。

本项目的 BIM 应用在设计阶段的主要工作内容包括全专业设计建模、三维构件拆分设计、预制构件构造节点关系推敲等。本项目的 BIM 成果主要为三个部分:一是全专业 BIM 模型;二是标准层施工分析模拟;三是在施工阶段的 BIM 模拟配合。

8.3.1 BIM 在预制构件方面的应用

本项目预制构件应用情况如图 8.11 至图 8.15 所示。

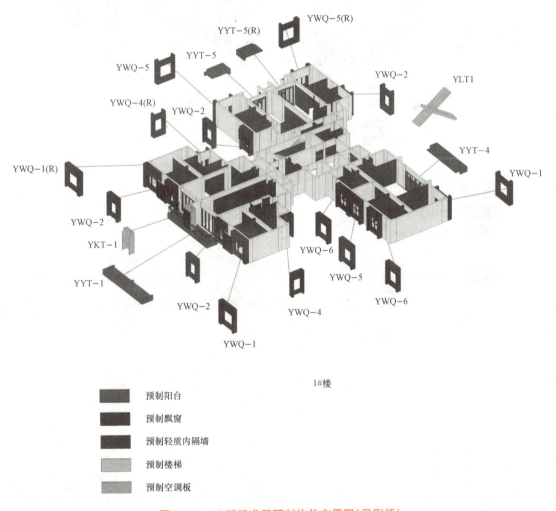

图 8.11 1#楼标准层预制构件布置图(见彩插)

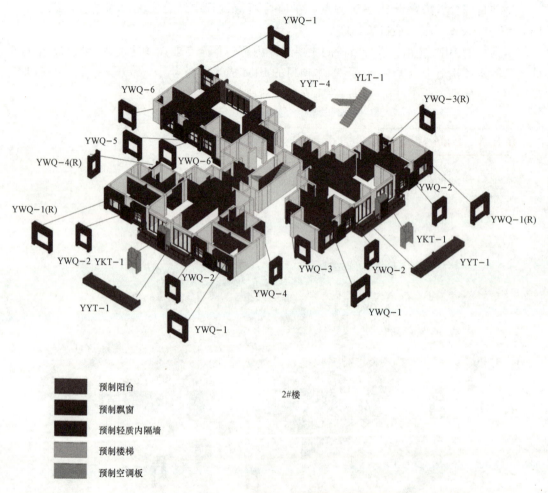

图 8.12 2#楼标准层预制构件布置图(见彩插)

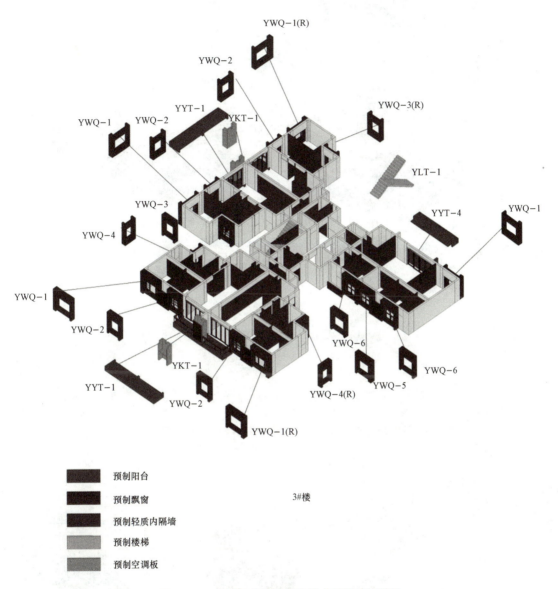

图 8.13　3#楼标准层预制构件布置图(见彩插)

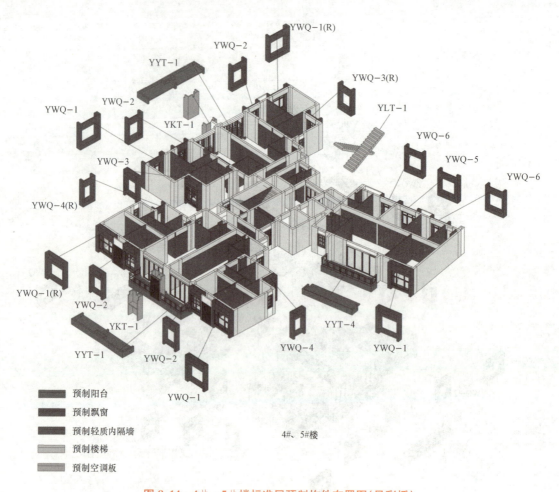

图 8.14 4#、5#楼标准层预制构件布置图(见彩插)

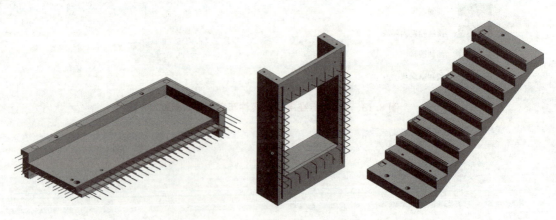

图 8.15 预制阳台、预制凸窗、预制楼梯示意图

8.3.2 BIM 技术管线综合与优化

本项目在预制方案设计过程中，基于 BIM 技术各专业协同设计，户型内所有机电管线布置已经完成，设计过程中采用 BIM 技术提前对管线进行综合与优化。检测各专业间的管线冲突，高亮显示冲突管线，在设计阶段消除管线碰撞，提高设计质量，如图 8.16 所示。

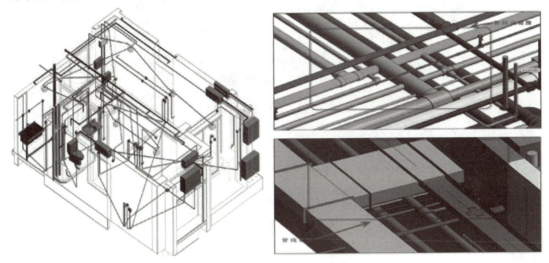

图 8.16 BIM 技术的碰撞检查

8.4 项目建筑构造设计

(1) 预制外墙的接缝应满足防水、防火、保温、隔声的要求。本项目依据《夏热冬暖地区居住建筑节能设计标准》(JGJ 75—2012) 设计，经计算，预制凸窗宽度为 500 mm，凸窗顶板、底板和窗四周可不做保温。所有外墙采用热反射涂料，内保温采用 30 mm 挤塑聚苯乙烯泡沫板。

(2) 本项目预制外墙板的接缝采用材料、构造、结构 3 道防水相结合设计方式：最外侧采用被上下层压紧的胶条和 MS 建筑密封胶，中间部分为企口型物理空腔形成的减压空间，内侧为现浇混凝土，起到极好的防水效果。

本项目预制外墙竖缝主要通过钢筋混凝土自防水，再抹 5 厚(干粉类)聚合物水泥防水砂浆，压入耐碱玻纤网格布起到防水效果。

预制外墙板接缝所用的密封材料应具有与混凝土的相容性、低温柔性、最大伸缩变形性、剪切变形性、防霉性、憎水性及耐久性等，且应满足相关规范和设计要求。

预制外墙接缝防水工程应由专业人员进行施工，以保证预制外墙的防排水质量。建筑构造节点图如图 8.17 至图 8.23 所示。

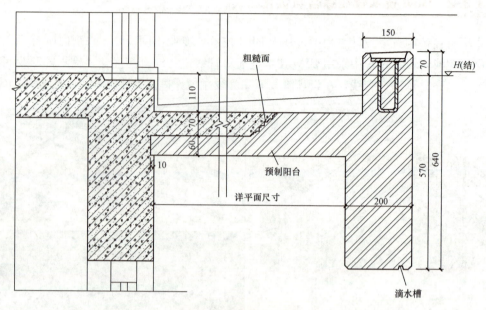

图 8.17 预制阳台节点

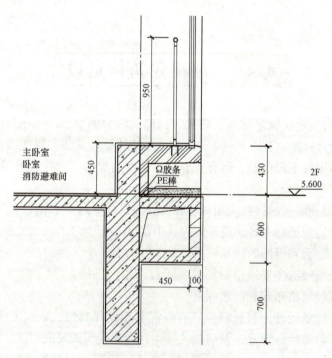

图 8.18 首层预制凸窗节点

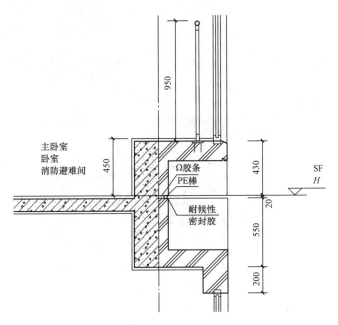

图 8.19　标准层预制凸窗节点

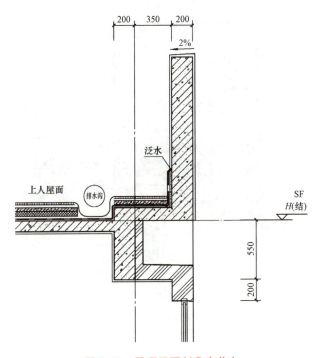

图 8.20　屋顶层预制凸窗节点

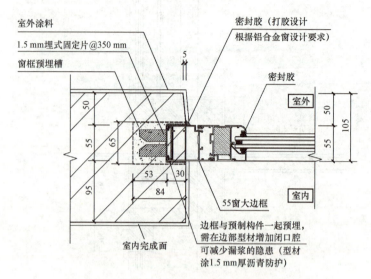

图 8.21 预制构件窗侧边剖面图

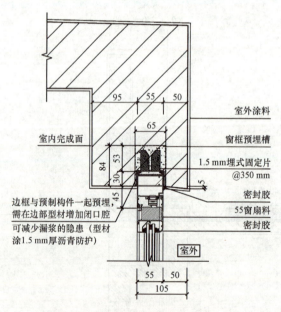

图 8.22 预制构件窗顶部剖面图

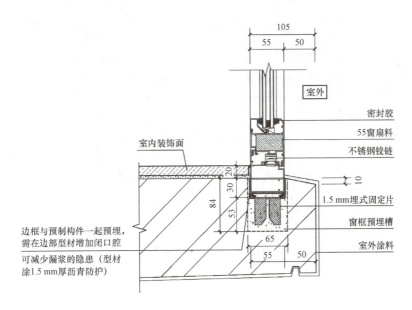

图 8.23 预制构件窗底部剖面图

8.5 项目装饰装修设计

本项目外围护均为混凝土（现浇剪力墙和预制外墙），现浇部分采用工具式铝膜板施工做到免抹灰，外墙饰面采用外墙涂料，保温采用内保温构造，防水通过混凝土自防水及接缝多道构造防水，预留预埋机电专业洞口和线盒等，从而实现外围护墙的外饰面、防水、保温、机电一体化设计。

建筑门窗系统采用工厂生产、现场安装，预制构件窗框在工厂整体预埋，门窗尺寸标准化程度高，提高工厂和现场安装效率。门窗设计均符合模数化要求，门窗尺寸尽可能统一，减少种类。

该项目机电设备管线系统中管线及点位预留、预埋到位：预制楼梯预留预埋栏杆扶手配套埋件、预制防滑条建筑功能；预制外墙预留预埋线盒、设备管线、空调留洞等；预制阳台预留预埋栏杆扶手配套埋件，预埋板底线盒，预留防水套管、立管、地漏等内容（图 8.24 至图 8.26）。对管线相对集中、交叉、密集的部位，比如强弱电井、表箱、集水器等进行管线综合，减少平面交叉；竖向管线集中布置，并满足维修更换的要求。

各户型采用相同的装修方式、材料、部件，协调好建筑、结构、强弱电、供排水、燃气及室内装饰装修设计，实现各专业之间的有序、合理同步进行，减少后期返工，从而达到节约成本、节省工期、保护环境的目的。

全面家居解决方案设计，最大化利用室内面积，提高空间效率，实现造型与户型的完美统一，提升家居舒适度。厨房设计精细化，空间利用最大化，如图 8.27 至图 8.29 所示。

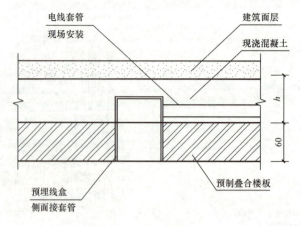

图 8.24　预埋线盒示意

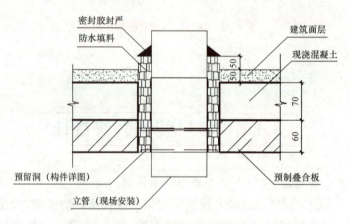

图 8.25　预埋套管示意

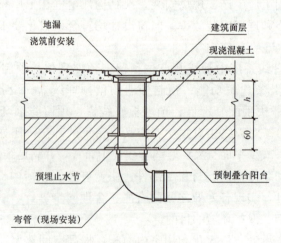

注：所有预埋件尺寸以厂商提供产品为准。

图 8.26　预埋地漏示意

图 8.27 卧室实景效果意向图

图 8.28 客厅实景效果意向图

图 8.29 餐厅实景效果意向图

本章小结

通过前面章节的理论知识学习,再结合该装配式建筑工程设计案例,可以了解到装配式建筑项目完整的设计过程和设计内容,以及它与传统建造项目相比较,需要着重注意的设计要点和设计方法,希望同学们举一反三,融会贯通,把所学到的装配式建筑设计的知识灵活地运用到实践中。

复习思考题

8.1 简述目前装配式建筑已经实施项目的现状及推广困难。

8.2 根据调研总结户型模块常用模数,搜集5套标准化套型组合。

参考文献

[1] 住房和城乡建设部住宅产业化促进中心. 大力推广装配式建筑必读——制度·政策·国内外发展[M]. 北京：中国建筑工业出版社，2016.

[2] 住房和城乡建设部住宅产业化促进中心. 大力推广装配式建筑必读——技术·标准·成本与效益[M]. 北京：中国建筑工业出版社，2016.

[3] 蒋勤俭. 国内外装配式混凝土建筑发展综述[J]. 建筑技术，2010，41(12)：1074-1077.

[4] 严薇，曹永红，李国荣. 装配式结构体系的发展与建筑工业化[J]. 重庆建筑大学学报，2004，26(5)：131-136.

[5] 戴超辰，徐霞，张莉，等. 我国装配式混凝土建筑发展的SWOT分析[J]. 建筑经济，2015，36(2)：10-13.

[6] 徐义屏. 预制装配化：建筑业转型升级的重要途径[J]. 建筑，2013(15)：11-12.

[7] 董显辉. 我国近十年高等职业教育专业群研究综述[J]. 职教通讯，2011(1)：18-22.

[8] 袁洪志. 高职院校专业群建设探析[J]. 联教论坛，2007(05S)：38.

[9] 沈建根，石伟平. 高职教育专业群建设：概念、内涵与机制[J]. 中国高教研究，2011(11)：78-80.

[10] 吴书安，王兵，邹厚存. 紧密型校企合作人才培养模式的研究与实践——以扬州职业大学土建类专业改革为例[J]. 中国职业技术教育，2011(26)：39-43.

[11] 宗德林，楚先锋，谷明旺 美国装配式建筑发展研究[J]. 住宅产业，2016(6)：20-25.

[12] 张辛，刘国维，张庆阳. 日本：装配式建筑标准化批量化多样化[J]. 建筑，2018(11)：50-51.

[13] [德]菲利普，莫伊泽. 装配式住宅建筑设计与建造指南——建筑与类型[M]. 北京：中国建筑工业出版社，2019.

[14] 顾勇新，王志刚，装配式建筑设计[M]. 北京：中国建筑工业出版社，2019.

[15] 顾勇新，胡向磊，装配式建筑对话[M]. 北京：中国建筑工业出版社，2019.

[16] 王家远，装配式建筑案例分析[M]. 北京：中国建筑工业出版社，2019.

[17] 樊则森，从设计到建成—装配式建筑20讲[M]. 北京：机械工业出版社，2018.

[18] 汪杰，装配式建筑一体化集成设计实践与发展，百度文库，2017.

[19] 陈晖，可变住宅设计 The flexible housing design——体现住户参与的开放设计，百度文库.